培訓叢書⑮

戶外培訓活動實施技巧

李德凱　編著

憲業企管顧問有限公司　　發行

《戶外培訓活動實施技巧》

序　言

　　這是一本針對戶外培訓活動、介紹詳細、值得研讀的好書！

　　戶外拓展培訓把受訓人員帶到大自然中，通過專門設計的富有挑戰性的課程，利用種種典型場景和活動方式，讓團隊和個人經歷一系列考驗，磨練克服困難的毅力，培養健康的心理素質和積極進取的人生態度，增強團結合作的團隊意識。

　　戶外拓展訓練形式包括：團隊熱身、個人項目、團隊項目及回顧總結。其中個人項目本著心理挑戰最大、體能冒險適中的原則設計。每項活動對受訓者的心理承受能力都是一次極大

的考驗。團隊項目以複雜性、艱巨性為特徵，它對於改善受訓者的合作意識和受訓團隊的團隊精神有很強的針對性。尤其一些團隊項目利用虛擬的場景設計，可以有效地提升學員的注意力，使他們產生身臨其境的感受，以利於他們更快地開動腦筋，發揮出自己真正的創造力。

戶外拓展訓練最終的目的是改變一個人的心智模式和思維模式，這種從人們內心出發的改變，是一般的學習模式很難達到的。真正的拓展訓練強調即時的感受，讓學員在個性化的學習中擁有自己獨特的內心領悟和體驗。注重學員最終在觀念和態度上的轉變，同時強烈的真實感使得學員對於學習的記憶比較持久。而團隊的學習方式也讓人們加強了溝通和認知。

本書是針對戶外培訓活動的歷奇訓練，適用範圍廣，例如社會團體、企業、各種團隊等。企業員工通過拓展訓練，在緊張而愉快的活動中都會得到如下的啟發：

1.**充分相信自我**。假設要去做一件從未接觸過的工作，是有一定難度的事情，如果不相信自己一定能行的話，就不敢勇敢地邁出第一步，而這是成功的起步。相信自我，才能超越自我。

2.**相信團隊，增強團隊凝聚力**。大膽去做，相信團隊會給自己最大的支持，同時也要給同事以最大支持。

3.**工作中應有計劃和方法**。沒有預先計畫和方法就埋頭苦幹，大部分時間已經花費了，突然發現最後一步就是行不通，前功盡棄。

4.**團隊統一步伐，對待工作，一絲不苟，全力配合整體計畫**。在拓展的過程中，每個隊的隊員之間最關心的都是如何與組織協調配合好，而不是某個隊員自己如何能做得更好，個體對團隊的關注已遠遠超過了其自身。

魔鬼訓練也是戶外拓展活動的一環，魔鬼訓練，源自於日

本，風靡於歐美，近年來傳入我國。「魔鬼教練」大松博文的魔鬼訓練法，曾造就了名聲顯赫的一代「東洋魔女」。

魔鬼訓練是一門通過完善心智模式來發揮潛能、提升效率的訓練技術。教練通過一系列有方向性、有策略性的訓練過程，洞察被訓練者的心智模式，向內挖掘潛能、向外發現可能性，使被訓練者有效達到目標。

無論多麼膽小、懦弱、懶惰的人，只要能從魔鬼訓練營走出來，他就會變得自信、堅強、勇敢、勤於奮鬥；經受過艱苦卓絕、獨一無二的魔鬼訓練後，任何人都會擁有良好的團隊精神、強大的自信心、堅不可摧的意志力、超越極限的忍耐力、訓練有素的實用技能、卓越的組織領導力。

對於戶外拓展教師、企業領導、人力資源培訓主管等參加拓展訓練課程的學員、喜歡體驗式學習方式的家長和青年學員，還有喜愛挑戰活動的團隊，閱讀此書都會得到很大的幫助和收穫。

《戶外培訓活動實施技巧》

目　錄

第 一 章

戶外拓展訓練概述

　　沒有接觸過戶外拓展訓練的人很難想像出它是什麼，即使對其有所瞭解的人也只能模糊地勾勒出一個由各種戶外遊戲活動組合而成的學習或培訓模式。眾多培訓公司、培訓學校、諮詢公司、戶外運動俱樂部、旅行社等機構對其使用和做出的相應改變，使得人們對戶外拓展訓練的認知更加多樣化，它似乎成為探險旅遊、生存訓練、戶外遊戲、戶外培訓等的代名詞。

　　追根溯源，戶外拓展訓練是與傳統的認知教育不同的體驗式教育活動，它是體驗式教育的產物。戶外拓展訓練是借助於精心設計的特殊情境，以戶外活動的形式讓參與者進行體驗，從中感悟出活動所蘊含的理念，通過反思獲得知識改變行為，實現可趨向性目標的一種教育模式。

　　戶外拓展訓練作為一種體驗式學習的模式，由於大量運用在培訓領域並且以戶外活動為主，很多人將其等同於「戶外體

驗式培訓」。

　　戶外拓展訓練的誕生與歐美盛行的 Outward Bound（簡稱 OB）教育模式有直接聯繫，Outward Bound 在香港地區的分支機構叫做「外展訓練」，受到它的影響並在其中文名字的啓發下，誕生了「戶外拓展訓練」這一帶有美妙意境的名稱。在課程模式上，戶外拓展訓練參照了以 Outward Bound 爲基礎發展起來的 Project Adventure 教育模式，在類比自然環境的情況下，降低活動風險，體驗經過設計的戶外活動項目，最終形成了具有特色的體驗學習體系。

　　戶外拓展訓練已逐漸形成體系，以現有的按照「戶外拓展訓練」規範經營活動的體驗式培訓機構和開展的場地戶外拓展訓練課程模式。以野外爲主的戶外拓展訓練活動，經常出現在課程中，多數項目在戶外運動領域屬於獨立專項都有詳細介紹。戶外拓展訓練所運用的體驗式學習理念可以在課程模式上不斷發展，這種學習的理念和方式也可以延伸到其他領域，比如「以問題爲本的學習」（Problem Based Learning，簡稱 PBL），就是結合 OB 的理念在醫學領域中發展起來的學習模式。

　　戶外拓展訓練在商業培訓領域的發展規模與潛力讓諸多國內外相關機構感到驚詫，激發起越來越多的戶外拓展訓練工作者對其前景的美好嚮往。作爲一種體驗教育，它是現有傳統教育必要和有用的補充。戶外拓展訓練在學校教育中的發展也已逐漸步入正軌，受到學校教育界人士矚目。

1 Outward Bound 的起源

當戶外拓展訓練越來越豐富的展現在我們面前時，我們不僅要辨析它的現在，也會不由自主地想瞭解它的源頭。一種教育思想的產生一定是多方面原因促成，而其中的最主要成因必然是追根溯源的重點，由於戶外拓展訓練主要是在 Outward Bound 的教育理念的影響下產生的，因此瞭解 OB 的產生過程和當時的教育思想和模式十分必要。

最初 Outward Bound 主要在航海中使用，是船隻出發前，用於召喚船員上船的旗語，表明船出發的時刻到了。從字面上解釋，Outward Bound 就是「出海的船」。而現在 OB 作為一種學習方式的名稱。被越來越多的人接受了，並在教育領域詮釋為一艘小船在暴風雨來臨之際，離開安全的港灣，駛向波濤洶湧的大海，去迎接未知的挑戰，面對風險與困難的同時，也可能發現新的機遇。

第二次世界大戰時，大西洋上有很多船隻由於受到攻擊而沉沒，大批船員落水，由於海水冰冷，又遠離大陸，絕大多數的船員不幸罹難，但仍有極少數的人在經歷了長時間的磨難後得救生還。人們在瞭解了這些生還的人的情況後，發現了一個令人非常驚奇的事實：絕大多數生還下來的人並不是最年輕

的、也不是體格最強壯的，反而是那些相對年齡偏大的海員。

　　經過一段時間的調查研究，專家們終於找到了這個問題的答案：這些人之所以能夠活下來，關鍵在於他們有良好的心理素質，他們意志特別堅強，有強烈的求生慾望，家庭生活幸福，有強烈的責任感，善於與他人合作，有豐富的生活經驗，當然還有一點點運氣。此外他們不一樣的品質還包括團隊的協調和配合能力。

　　當遇到災難的時候，倖存者首先想到的是：「我一定要活下去！」在他們的心中，當時想的最多的是：相信自己能找到辦法，努力讓自己平靜下來，想辦法求救或自救。而那些年輕的海員可能想得更多的是：我怎麼如此不幸，這下我可能要完了，我不能活著回去了。也有的船員無謂的浪費了太多體力，或者游離了營救的搜尋區域而沒能倖免於難。

◎Outward Bound 的創始人——庫爾特‧哈恩

　　對於海員倖存者的研究，有一位德國籍教育學家庫爾特‧哈恩(Kurt Hahn，1886 年～1974 年)博士做出了許多貢獻，並將研究結果用於對人的生存訓練，尤其以應對海上危機爲主。

　　1886 年，哈恩生於柏林一個有地位的猶太家庭，他的父親是一位成功的實業家，母親是一位有藝術氣息的美麗善良的女人，八個孩子中庫爾特是三個男孩中的長子。哈恩是位天生的老師，在夏天，他召集年輕人到帳篷裏，給他們讀一些英雄探險故事，還經常帶領他們到地形複雜的地方遠足。

　　19 歲那一年，在烈日炎炎的一天，哈恩光著頭去划船，造

成了嚴重中暑，太陽灼傷了他的小腦，嚴重地威脅到他四肢的正常功能，爲了治療，哈恩在黑暗的房間裏呆了一年。這段時間他孤獨的住在英國牛津，爲了讓困在房中的日子更有意義，同時爲了磨練自己的意志，他設計出成套的體育活動自己練習，原地跳高成爲他練的最好的項目，據說還打破了當時的記錄。

在那段時間裏，他學習了柏拉圖、羅素、歌德、裴斯泰等人的作品，並開始一些思考：

18 世紀大學裏學員學醫從解剖開始，學農從種植開始，學哲學從辯論開始，一切知識源於實踐，經驗來自於自身體驗，有了親身體驗就會獲得長久的記憶，甚至終身不忘。

後來，哈恩構想著將來建一所學校，以「從做中學」的理念來實現他的願望，這些對他後來有重要影響。

哈恩先後上過幾個大學，1910 年到 1914 年他在牛津大學學習，從牛津畢業那年的 8 月 1 日，他離開英國返回家鄉，兩天后英國對德國宣戰。戰爭期間哈恩擔任了一系列的外事官員的職位，他也因此成爲一位有影響力的人。

◎薩拉姆學校與戈登思陶恩學校

戰爭結束時，哈恩成爲巴登的馬克斯親王（德國最後一位皇家高級官員）的助理。他們兩人對柏拉圖的教育理念有同樣的熱情，1920 年，馬克斯親王和哈恩合辦了一所招收男女生的寄宿學校，哈恩擔任校長，這就是薩拉姆學校（Salam Schule，Salam 有時寫作 Shalom，Salaam 或 Peace），也叫和平學校，這就是

哈恩在七年前就曾構想過的學校。

　　由於哈恩猶太人的身份和他的社會活動，德國獨裁者想要對他實施謀殺，在挫敗了這個陰謀後，哈恩繼續與之鬥爭。在1933 年 2 月的大逮捕中，哈恩入獄讓他的英國朋友們感到很震驚，當英國首相拉姆齊‧麥克唐納首相做出官方抗議後，哈恩得到釋放並於同年 7 月啟程到了英國。此時的他一無所有，就連精神也萎靡不振，直到和他的另一位朋友——馬爾科姆‧道格拉斯‧漢密爾頓爵士一起，參觀了在戈登思陶恩空著的急需修繕的城堡，並且覺得這是個建立他的理想學校的可能地點後，哈恩才又來了精神。

　　1934 年 4 月，戈登思陶恩作為一所男校建立了起來，起初只有 2 個學員，但這並沒有動搖哈恩的決心，由於此後的不斷努力，不久該校就成了一個非常有名望的學校。9 月份就有了21 名學員，此後學校的招收人數，呈現穩步增長。

◎霍爾特與阿伯德威

　　「我寧願在大西洋中把救生艇給一位八九十歲的老水手，也不願把它給一位完全以現代方式培訓出來的、沒有經歷過海上風雨的年輕航海技術員。」船業公司老闆勞倫斯‧霍爾特（Lawrence Holt）認為，由於錯誤的培訓，在魚雷擊中的商船上的許多海員不必要地失去了生命。他堅持，和飽經風霜的老手不同，較年輕的海員沒有經歷過風雨，沒有學會依靠自己智慧擺脫困境的能力，並且缺乏和同伴無私合作的信念。

　　1938 年哈恩獲得了英國國籍，其後他呼籲英國戰爭委員會

在部隊中實行一種訓練方式，這種訓練能夠在幾個月裏讓英國步兵在耐力、膽識和自衛能力方面不亞於德國兵。第二次世界大戰爆發後，英國部隊徵用了戈登思陶恩，學校很艱難地搬遷到威爾士的營部。那時的哈恩一直試圖實行一個「城郡徽章計畫(County Badge Scheme)」，這是一個雄偉的計畫，想要培養英國年青人的身體素質、事業心、韌性以及激情，可是這個計畫一直進展不大，當哈恩與霍爾特談及此事時，這位一直對大西洋上船隻受損後人員傷亡非常擔憂的戈登思陶恩的大亨與他不謀而合。

哈恩提議他們聯合力量，開創一所新型學校，對年青人進行一個月的培訓課程，課程運用哈恩的「城郡徽章計畫」來實施霍爾特對通過培訓改變年青人態度的要求。1941年學校在威爾士的阿伯德威成立了，霍爾特堅持叫它 Outward Bound 學校，它是 OB 課程模式和 OB 組織的開端。

和傳說中不同，這不是一所只針對年輕商船海員的學校。除了霍爾特的公司以及其他輪船公司的年輕職員外，有來自政府用船的年輕海員，還有工廠的學徒、員警、消防員以及軍校學員、從普通學校放假或者就要參軍的男孩子。霍爾特說：「阿伯德威的訓練必須要在海上經歷風雨，而不是在海上觀光，這樣就是造福各界人士。」

一個月的課程包括小船駕駛訓練、要達到合格標準的體能訓練，用地圖指北針跨越鄉村的越野訓練，救援訓練，海上探險，穿越三個山脈的陸地探險，以及對當地居民的服務活動。

◎ Outward Bound 的創建

儘管 Outward Bound 學校經歷了一系列創業的困難，它還是成長起來了。到這裏來的年輕人一批又一批，始終不變的是，當他們被告知在近 36 天裏要實現的目標時，這些年輕人表現出置疑甚至覺得荒唐。可是他們很快被「難題的魅力」迷住了，這是哈恩的一個另類定義，當年輕人「戰勝了失敗主義」來迎接挑戰時，這就爲年輕人嘗試完成更艱難的事情做好了準備。學校的一位老師這麼說：「他們抱著錯誤的目的來到這裏，離開時卻會因爲正確教導的結束而留戀。」

在這所學校裏，通過在海上、山谷中、遍佈湖泊的野山以及沙漠中的磨練可以得到生活的體驗。從最初在阿伯德威的日子開始，OB 一直在發展，但是始終沒有脫離哈恩和霍爾特的基本理念，即在自然的環境中獲得挑戰的深刻體驗，通過這種體驗個體能夠建立起對個人價值的認知，整個小組也會更清楚地意識到人類之間的相互依靠，以及所有人都要關心處於困境和危險中的人們。

2 Outward Bound 的發展

◎國外發展狀況

1946 年 Outward Bound 信託基金會(Outward Bound Trust)在英國成立，目的是推廣 OB 理念並且籌集資金創建新的 OB 學校，OB 信託基金會擁有 OB 的商標，掌握著該商標使用許可證的發放。1951 年～1952 年，美國人喬什‧曼納(Josh L Miner)來到戈登思陶恩任教，受到哈恩的理念和 OB 前景的啓發，意識到美國也應該建立 OB 學校。1962 年，科羅拉多 OB 學校在喬什‧曼納等人的努力下正式成立，並於 1963 年正式從 OB 信託基金會獲得了許可證書。1964 年 1 月 9 日，組成 OB 法人組織(Outward Bound Inc.)的文件在美國起草，法人組織最初的創立者是小威廉‧考芬牧師、約翰‧開普、艾倫‧麥克洛伊夫人、喬什‧曼納和小約翰‧斯蒂文斯五人。隨後的數年間，OB 學校在世界各地不斷成立，實踐著 OB 理念。OB 組織也逐漸發展成爲 OB 國際組織(Outward Bound Intemational Inc‧簡稱 OBI)，目前其辦公地點設在美國猶他州的德雷伯市。

OB 國際組織下屬的 Outward Bound School(簡稱 OBS)已經遍佈全球五大洲，共有 40 多所分校，這些分校秉承了哈恩的教育理念，受訓人員包括學員、家長、教師、企業員工和各級管

理人員。

OB 在得到認可之後，慢慢地被教育系統的人士所關注，他們派了很多教師和學員參加體驗活動，此後主流教育學校和 OBS 進行了各領域的合作，有一段時間 OBS 在普通學校中也設立了一些分支機構，並被稱為「學校中的學校」。Outward Bound 在許多教學研究人員的關注與研究下，理論更加豐富，課程體系日趨完善，並且將它的學習規律回歸到體驗式學習，在其他學科和不同領域內大膽的結合與使用，取得了良好的效果。

在亞洲地區，新加坡最早建立了 OB 學校，此後香港、日本先後引進了這種體驗式教育的課程模式。由於它適應了我們所處的時代對完善人格、提高素質和回歸自然的需要，成千上萬的人參與其中，一同感受 OB 帶來的令人震撼的學習效果，同時參加此類課程也成為現代人生活的新時尚，近幾年內有不斷升溫的趨勢。

3 戶外拓展訓練的相關概念

在國外許多相關課程理念的影響下，戶外拓展訓練形成了本土化的體驗學習方式。由於當初引入者的睿智，具有深意的「戶外拓展訓練」不僅僅代表一種課程模式，甚至有了時尚與培訓風向標的作用。然而，「戶外拓展訓練」與 Outward Bound 在主旨上還是有一些差別。曾經有人希望用「戶外體驗式培訓」來給戶外拓展訓練正名，雖然這能很清晰地表達該課程的學習特點，但「戶外體驗式培訓」所展現的內涵特點並不比「戶外拓展訓練」讓人從內心中滿意，實質上，體驗式培訓是體驗教育的一部分，而戶外拓展訓練只是它們課程模式中的一員。

在現今看來，「戶外拓展訓練」本身並沒有對 Outward Bound 有任何的不良影響，雖然他不能夠直觀解釋名稱背後的具體內容，但它至少能夠表現出名稱背後的內涵，只要大家都能很好的珍惜它，認真的去學習、研究、開發與實踐，戶外拓展訓練應該能夠很好的表現課程本身。

以「戶外拓展訓練」為課程名稱的活動內容分析，更多的是在按照降低風險並模擬情境進行的場地培訓為主，這種培訓從模式上更像 PA(Project Adventure)，和傳統意義上的 Outward Bound 又有些許的不同，這是由於現有的戶外拓展訓

練將大部分活動場地建在郊野地帶，有時又利用野外環境設置部分項目，使得戶外拓展訓練既帶有野外活動的部分特徵，又按照場地活動的特點實施課程，既然如此，索性保留現有的特點，並將它叫做「戶外拓展訓練」，以此為起點不斷發展，將更精確的課程體系與學科設置努力完善，在合適的時候整合為「戶外體驗式學習」，也不失為一種良策。

　　與戶外拓展訓練相關的學習和各種理念在不斷的發展與創新，以至於許多人無法辨清它們之間的關係脈絡，事實上，它們之間既有聯繫又有區別，有的是包容關係，有的是衍生關係，有的是同類關係，有的只是相近並無聯繫，簡單地區分它們對於制訂訓練計畫和監控訓練活動的開展與訓練效果的評估有一定價值。

　　◎戶外培訓

　　戶外培訓是指任何在戶外進行的培訓活動。它的特點是培訓場地在戶外，而不是在教室裏。主要包括兩種類型：一種是探險訓練，這類活動風險很高。另了種是戶外訓練或戶外學習，主要是中低風險的戶外練習。

　　◎體驗式培訓

　　通過個人充分參與活動，獲得直接認知，然後在拓展教師的指導下，在團隊成員的交流中提升認識的培訓方式，或者說凡是以參與活動開始，「先行後知」的培訓方式都可稱為體驗式培訓。」

◎體驗式學習

從實務課程操作來講，體驗式學習就是透過個人在人際活動中的充分參與來獲得個人的經驗，然後在訓練教師的引導下，成員通過對差異化過程的觀察反省，在對話交流中獲得新的態度、信念，並將之整合運用於未來的解決方案或策略上，達到一定的目標或願景。

◎行動式學習 (Action Learning)

20 世紀 40 年代，英國教授瑞格·瑞文斯擔任英國煤炭理事會教育與培訓的主管時開創了行動學習模式，這是一種能夠提高管理者的管理能力，並且讓公司機構獲得更好發展的學習方法，許多組織、管理機構和企業對其進行了廣泛應用，1985年以 AL 為基礎的 MBA 課程形成了，1995 年瑞文斯教授在倫敦召開了第一屆行動學習研討會。行動學習要求學員積極參與解決真實、複雜而緊急的問題，並利用提問及反思相互學習，從而明顯地改變他在相關領域裏的行為表現，因此，它能夠幫助潛在領導者為更高層級的工作做好準備，在企業內形成一個學習系統，這樣不僅對個人並且對公司和組織的發展都很有利。

◎管理培訓遊戲

將實際工作情境的時間與空間進行限制，將管理理念寓含在特殊設計的遊戲中進行訓練的一種活動。管理遊戲類比內容真實感強，易於感悟其中道理，且富有競爭性與趣味性。

◎戶外極限運動

人類在與自然的融合過程中，借助於現代高科技手段、最大限度地發揮自我身心潛能，向自身挑戰的娛樂體育項目。

◎Project Adventure

主題式冒險是 Project Adventure 的名稱，它是美國人傑瑞・佩(Jerry Pieh)創立的一個教育理念和課程模式，1971 年以 Project Adventure 為名的教育方案上報到美國聯邦教育局，得到認可後成為了全美中等學校的教育課程，逐漸又進入了企業管理領域，現在它提供更多元化的服務，形成了非盈利性國際教育組織——PA 組織(Project Adventure)。

PA 是 OB 與常規學校教育結合的產物，現在它的課程主要以美國基礎教育法第三案為主，是將在戶外的冒險性活動，如攀岩、泛舟、登山、露營等活動改良為只用很少的教具在場地裏活動的課程。課程有低度、中度及高度冒險訓練，多用於心理諮詢方案或成長團體為主的心理治療範疇，以「遊戲」教案引導學習，適時激發挑戰冒險的精神。

Project Adventure 的課程模式和盛行的戶外場地戶外拓展訓練類似，因此它也是戶外拓展訓練尤其是在學校開展的戶外拓展訓練的借鑒模型。

◎歷奇為本輔導

Adventure Based Counseling(簡稱 ABC)也稱作「歷奇為本輔導」，這是 PA 組織的里程碑式人物，號稱「體驗式學習之父」的卡爾・朗基在外展訓練的基礎上，創立並註冊的一種學習模式，它更多地利用陌生、新奇、驚險場景任務給學員帶來心理衝擊，並以此達到培養人格的目的。

◎以問題為本的學習(PBL)

哈佛大學醫學院首創了「以問題為本的學習」模式，而外展訓練是它的三大理論根源之一，PBL 旨在解決醫學院的教學與學員在未來工作中所面臨的真實情境和複雜問題相脫節的問題。由於 PBL 的旺盛生命力和它在校長培訓中的應用價值，布裏奇斯和海林傑將其引入了教育領域。《以問題為本的學習在領導發展中的運用》一書是他們在各種背景下運用 PBL 的經驗並做出相關研究的結晶。

◎EL 外展訓練(Expeditionary Learning OB)

1987 年，哈佛教育學院研究生院院長羅・約維斯卡(Paul Ylvisaker)在國際外展訓練會議上發表了演講，他提出，外展訓練對年青人有極大的震撼並且難以忘記，不過這種簡短的、一生一次的經歷並不能給他們提供反覆、持久的支持和激勵。外展訓練需要進一步的發展，這次的演講促成了 1988 年的哈佛「外展訓練議案」。這個「議案」的設計強調在主流和傳統學校

中使用以體驗為基礎的教育，把外展訓練的原則和學術研究的嚴格作風結合起來。喬治・布希總統的「發明美國教育」(1991)的提議為這介提案贏得了研發基金。

這個「議案」就是 EL 外展訓練，它是外展訓練新改進的課程模式，目的是讓外展訓練更經得起時間考驗，它抓住了基本的探索學習的概念，鼓勵長期的知識考察，充分開發學員的勇氣、才智和激情，讓學員在社區服務中得到學習的項目和活動。

※拓展故事　我怕什麼

在我做拓展教師的經歷中，有一位學員給我留下了難忘的記憶，現在回想起來，我也不知道自己當時是否做對了。好在結果並沒有想像中那麼差，至少她在其後的幾年中總會給我一些略帶謝意的資訊。

那是一位企業家班的女學員，40 多歲，看上去很幹練，也很自信，幾個項目結束後都表現的很有韌性。然而到了第一個高空項目「斷橋」的場地下，她顯得有些惴惴不安，並且向我表示不願參加這項活動，在其他隊友的「激勵」下，她還是來到了橋上，而且起初並沒有表現出特別緊張。但隨後發生的事情在我的意料之外，在走到橋端時她突然大哭起來，其後的事情在當時看來更加辣手，她既不前進也不後退，而且不接受任何人勸說，只是不停的哭。20 分鐘後，她終於答應退回來下去了。

　　其後的回顧環節我們談到了「恐懼與恐高」的問題，她只說了一句：「我以前是做建築工程的，多高的樓我都不怕。」從她眼睛的再次濕潤，我可以看得出她的難過。

　　這件事在其他的幾個隊也傳開了，對此結果眾說紛紜，幾位拓展教師也來詢問情況，我們一致認為，這一定有某種東西在她心裏作祟。

　　在晚上的課程結束後，我和一位年長的拓展教師特意去看她，走出宿舍在基地的一棵古樹下，她向我們講了她的原因。幾年前她和自己的愛人一同在高空檢查工程，一個意外讓她親眼目睹自己的愛人從高空墜下。她說在斷橋上時，自己的眼前又出現了那一幕，她的愛人一直在空中伸手希望自己能夠救他一把。這時她哭了，我們也哭了。

　　此後圍繞著如何忘記這些，如何放下這個心理負擔，突破這個障礙做了近兩小時的溝通，並約定第二天一早單獨陪她再次嘗試。

　　清晨山裏的空氣如此地清新，可我的心情確很繁雜，我不知道這次嘗試將會怎樣。我特意做了 4 個 10 斤左右的沙袋讓她背上，從宿舍到場地的路本來不長，我卻帶她從另外一條繞遠的山路前行，本來三分鐘能到的距離我們用了半小時，每當她覺得很累時，我會讓她對著山谷大喊：「我太累了！」然後扔掉一個沙袋，直到她氣喘吁吁來到斷橋下，扔掉最後一個沙袋。並且連續喊了三遍：「我太累了！我要改變！我要做我自己！」

　　在同事的幫助下，她穿好保護裝備，我已在斷橋上等她。再次來到斷橋上，她嗚咽著但沒有哭出聲，這種聲音所帶來的

委屈讓我的內心也無比酸楚。

在她來到橋端時，我已去到斷橋對面，我告訴她：「哭出來吧，這樣也許好受些。」她一直忍著並沒有哭出聲。

她不斷地咬著嘴唇，目光在迴避著我不願對視，我只能說：「這是你自己的一次機會，過去了也許就會改變現狀。」

並沒有想像的那樣艱難，她完成了。但是我們都很平靜，沒有特別的慶賀，這是一次「為了忘卻的紀念」，也讓我對戶外拓展訓練多了一些思考，直到今天我也不知道對於這樣的情況，是做了一件對別人內心的再次傷害，還是一件對「心理包袱」的卸除，但願是後者吧。

我慶倖第二天早晨的付出，要不然我真的不知道自己會怎樣地背著沉重的「沙袋」。

故事的哲理

忘記不僅僅需要勇氣，也需要方法，尤其是那些難以忘記的事。

每一個人身上都背著不同的號沙袋」，當壓得你很累時不妨學著慢慢扔掉它們。

4 戶外訓練概述

　　第二次世界大戰時，當時德國人在大西洋的海底用他們的潛艇去攻擊英國的商務用船，致使英國的商船船體下沉，船員紛紛落水。由於海水冰冷，又遠離陸地，所以造成大批人員死亡。後來人們發現每一次這樣的災難都會有一小部份人能夠存活下來。奇怪的是存活下來的那些人並不是年輕的水手，而是那些相對年長的老水手。一些心理學家和軍事專家通過研究得出結論：當災難來臨的時候，決定你是否能夠生存最關鍵的因素不是你的體能，而是你的心理素質。年老的水手有著豐富的經驗和閱歷，他們能夠沉著冷靜地分析當時所處的環境，始終懷著堅定的生存信念，因此最終擺脫了厄運對他們的糾纏。而年輕的水手們，當災難來臨的時候，精神的沮喪會導致他們的生理防線全面崩潰，造成體力的急劇下降，最終的結果只能是死亡。就是說造成年輕水手死亡的原因並不是在逃生的過程中體能不足，更多的是心理的因素。

　　於是德國人庫爾特・漢恩和英國人勞倫斯・豪爾特在陸地上建立了一所阿伯德威海上訓練學校，海軍定期地把海員送到這樣的學校裏參加高空跳躍等一些項目的訓練，用以提高他們的心理素質。當時這所學校對二戰的兵源保障起到了非常積極

的作用。阿伯德威海上訓練學校就是戶外拓展訓練的一個雛形。

二戰結束後，這所學校的功能也隨之退化，後來一些組織行爲專家從這所學校的訓練模式裏得到啓發。他們認爲：隨著社會的進步，當人們進入工業化社會，很多社會人和管理者經常遭遇落海水手同樣的境遇，人們在面對飛快的工作節奏和複雜的人際關係時，往往會造成思想保守、情緒焦躁、精神壓抑，更爲嚴重的是很多人承受不了壓力會做出極端的舉動。種種這些現象給企業和個人帶來了很大的損失。於是在英國慢慢形成了以培訓管理者和企業人爲對象、以培訓管理者的心理適應能力和管理技能爲培訓目標的學校。

目前，企業的職業化學習、培訓活動並不少，方法上絕大多數是傳統的灌輸式教育，這樣的培訓往往容易流於形式，或者枯燥乏味，或者名不符實，實際成效並不顯著，有的人甚至把這種培訓視爲緊張工作之餘的度假療養和交際活動。

以體驗、經驗分享爲教學形式的戶外拓展訓練的出現，打破了以往傳統的培訓模式，它吸收了國外先進的經驗，同時注意適應國人的心理特徵，將大部份課程放在戶外，精心設置了一系列新穎、刺激的情境，讓學員主動地去體會、去解決問題，在參與、體驗的過程中，他們心理受到挑戰，得到啓發，然後通過學員共同討論總結，進行經驗分享，感悟出種種具有豐富現代人文精神和管理內涵的道理。在特定的環境中去思考、去發現、去醒悟，對自己、對同事、對團隊重新認識、重新定位，這是戶外拓展訓練給員工帶來的心靈震撼，也是戶外拓展訓練的意義所在。

　　戶外拓展訓練打破了傳統的教育模式，它並不灌輸你某種知識或訓練某種技巧，而是設定一個特殊的環境，讓你直接參與整個教學過程。在參與的同時，去完成一種體驗，進行自我反思，獲得某些感悟。

　　戶外拓展訓練培訓對象適用於各大、中、小型企業老闆，各公司培訓部經理、人力資源部經理，保險銷售經理、主任、市場行銷人員，所有追求成功創業、個人成長的人士等。目前，有許多國際知名企業已經將這種訓練方式引入企業內部，用於員工培訓，提升員工解決問題的能力。

5 戶外拓展訓練特點

1.綜合活動性

戶外拓展訓練的所有項目都以體能活動爲引導，引發出認知活動、情感活動、意志活動和交往活動，有明確的操作過程，要求學員全身心的投入。

2.挑戰極限

戶外拓展訓練的項目都具有一定的難度，表現在心理考驗上，需要學員向自己的能力極限挑戰，千方百計跨越極限。

3.集體中的個性

戶外拓展訓練實行分組活動，強調集體合作。力圖使每一名學員竭盡全力爲集體爭取榮譽，同時從集體中吸取巨大的力量和信心，在集體中顯示個性。

4.高峰體驗

在克服困難，順利完成課程要求以後，學員能夠體會到發自內心的勝利感和自豪感，獲得人生難得的高峰體驗。

5.自我教育

培訓師只是在課前把課程的內容、目的、要求以及必要的安全注意事項向學員講清楚，活動中一般不進行講述，也不參與討論，充分尊重學員的主體地位和主觀能動性。即使在課後

的總結中，培訓師也只是點到爲止，主要讓學員自己來講，達
到自我教育的目的。

6.提高素質

認識自身潛能，增強自信心，改善自我形象；克服心理惰
性，磨練戰勝困難的毅力；啓發想像力與創造力，提高解決問
題的能力；認識群體的作用，增進對集體的參與責任心；改善
人際關係，學會關心，更爲融洽地與群體合作；學習欣賞、關
注和愛護大自然。

6 戶外拓展訓練流程

　　在訓練項目開始前，培訓師應該瞭解受訓學員的具體情況，這一點可以通過填問卷或表格的方式進行，然後根據學員的具體情況制定訓練計畫，安排具體訓練科目。

培訓師與受訓學員互動流程圖

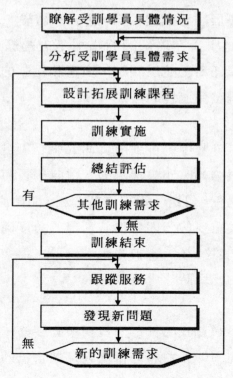

在確保安全的情況下，儘量做到：怕什麼，就讓他做什麼。讓一個人去做自己從來沒做過，又自認為根本不可能做到的事情。這對一個人的鼓舞是巨大的，有助於他自信心的建立或強化。培訓師與受訓學員互動流程如上圖所示。

戶外拓展訓練由五個既獨立又密切關聯的標準流程組成，如下圖所示。

戶外拓展訓練的標準流程圖

訓練 → 感受 → 分享 → 總結 → 應用

1.訓練

這是戶外拓展訓練關鍵的第一步——體驗。任何一個訓練項目的開始都是學員在培訓師的指引下去經歷一種模擬的場景，去完成一項任務，並以觀察、表達和行動的形式進行，這種初始的體驗是整個過程的基礎。

2.感受

學員通過置身其中，得到最真切的感受。這種感受將是全方位的、活性很強的、印象深刻的。這時學員將開始自發的回想剛才經歷的過程，對這一過程進行分析，開始產生一些觀點。這個環節是極其重要的，因為從心理學的角度講，感受經過表達（尤其是書面表達）後，會被強化。例如，很多人只有在講述或者書寫自己的感受時才會流淚。

3.分享

「三人行，必有我師。」學員要多動腦筋，多思考。一組學員人數大體在 10 人左右。每個人都把自己的感受拿出來分

享，每個人就會得到數倍的經驗，這也是戶外拓展訓練的一大魅力所在。在這個過程中，培訓師會積極地鼓勵學員發言，靈活運用提問等技巧，引導大家的思維在原有觀點的基礎上更進一步，群策群力，使眾人的觀點向著正確的方向歸納。

4.總結

當大家的觀點趨於成熟時，培訓師將根據大家討論的結果，結合相關的理論知識，進行歸納總結，把學員的認識由感性上升到理性。

5.應用

這個過程是在培訓之後的生活和工作中由學員自己完成的。完成認識由實踐中來，最終用來指導實踐的循環上升的過程。這也是戶外拓展訓練的終極意義所在。

7 開展戶外拓展訓練要注意的問題

概括戶外拓展訓練的五個標準流程，我們可以得到在戶外拓展訓練中應注意的三個問題。

1.要將授課培訓與戶外體驗式戶外拓展訓練相結合

在室內授課時學員所掌握的知識是員工成長的硬體，在戶外的戶外拓展訓練是使員工互相團結、共同奮鬥的軟體。根據戶外拓展訓練的五個標準流程，我們知道在學習中進行體驗、

感受是培訓中不可缺少的一個過程，是讓學員在感受中成長、成熟起來的一個必經階段。所以，授課與戶外拓展訓練是相輔相成的。在授課之後的戶外拓展訓練是一種放鬆與一種享受，同時又是一種知識體驗的沉澱。

2.要注重戶外戶外拓展訓練後的總結

戶外拓展訓練的關鍵就是要利用訓練對員工的心靈衝擊，讓其體會到團隊與企業的關係、個人與團隊的關係、個人成長對企業的貢獻。所以，培訓師的總結與分析是給員工一個重新體驗的溫習過程，這會讓拓展培訓給員工帶來的感受在心中生根、發芽、蔚然成林。同時，員工要讓自己的想法與大家交流，這也加深了各位員工之間的溝通與友誼。

3.要注意培訓後的及時回饋

作為人力資源部的培訓人員要使員工將培訓結果貫徹始終，就要讓培訓的結果起作用。因此，培訓後的調查回饋十分重要。

只有讓員工不斷回味戶外拓展訓練的過程，他才會不斷地從中體會出道理，因此，要將員工在拓展培訓中的各種照片、片斷、語言以各種形式反映出來，為員工找到可以用以學習、利用的素材。這樣才能將這種訓練所得的體會運用於工作中去。

總之，戶外拓展訓練為企業的團隊建設提供了很好的方法，但是否能將短期的培訓效果運用到長期的工作實踐中去是戶外拓展訓練能否成功的重要評判標準。因此，在進行此項培訓時，不能用一時的輕鬆與愉快代替整個培訓效果。團隊的建設是一個長期的過程，要用柔性管理中的人性管理來建設我們

的團隊，這樣，才能讓我們的團隊團結得更緊，走得更穩。

8 培訓的遴選

　　1.在項目進行過程中，培訓師不傳授具體的知識，也不教授學員完成項目的具體辦法，培訓師只需站在更高的位置上，保持冷靜的態度，高度的責任心。

　　合理佈置項目，監控項目的順利進行，糾正不安全行為，確保每個學員的人身安全；仔細觀察每個學員的表現，發現問題，隨時記錄。

　　2.在討論問題時，培訓師不是教師，不是批評家，而是一個引路人，主要的作用是引導學員進行反思，開拓學員的思路，打破慣性，讓學員們自己找出問題，發掘癥結，提出解決問題的辦法。

　　3.一個好的培訓師，必須因材施教，根據學員的水準、素質，根據項目過程中發現的問題，採用不同的方法，直接或間接地去引導、提出問題，啟發學員思考。

　　4.好的培訓師，必須善於吸納新知識，具備開放的工作方式和良好的溝通能力，與學員充分互動。

　　培訓師與學員之間是一種動態關係，培訓師意在從學員自身的角度和目的出發，主要著眼於激發學員的潛能，它是一種

態度訓練(Attitude training)，而不是知識訓練(Knowledge training)或技巧訓練(Skill training)。培訓師不是幫學員解決具體問題，而是利用教練技術反映學員的心態，提供一面鏡子，使學員洞悉自己，從而理清自己的狀態和情緒。培訓師會對學員表現的有效性給予直接的回應，使學員及時調整心態，認清目標，以最佳狀態去創造成果。以談話溝通的形式促成學員主動改變心態，是教練技術的基本方式。

卡耐基有一句令人印象深刻的話：「理論不值錢，具體的方法值錢；目的不值錢，具體的手段值錢；知識不值錢，具體的案例值錢──因為它才是可操作的。」所以優秀的培訓師不是理論的談論者，而是在培訓過程中能夠對具體實務提供操作性較強的解決之道──包括對學員在現場提出的案例提供精闢的見解。也就是說，優秀的培訓師是可以精準把握並引導學員與自己處於同一個學習和理解頻道上的人！

9 學員必備的思維工具

美國教授魯特‧伯恩斯坦說，偉大的思想家擁有 13 種「思維工具」，使用這些工具可以使人成爲天才。在訓練過程中，學員尤其需要運用這些思維工具，它們是：

1.觀察：通過觀察磨練所有的感官，從而使思維變得非常敏銳。

2.想像：使用某些或全部感官在心裏創造各種形象。

3.抽象：觀看或思考某種複雜事物，去粗取精，化繁爲簡，把惟一本質的東西找出來。

4.模式認知：觀察和研究不同的事物，找出它們在結構上或性能上的相似之處。

5.模式形成：找到或創立新方法，對事物清理出頭緒，納入規範。

6.類比：雖然兩件事物迥然不同，但可以從功能上找到相同點。

7.軀體思維：使用肌肉、四肢等的感覺以及各種感情狀態。

8.感情投入：將自己設想爲自己所研究、繪畫或寫作的對象，與之合而爲一。

9.層次思維：能把情緒變成不同的層次，就像把平面的素

描改成立體的雕塑一樣。

　　10.模型化：能將複雜的事物簡化成一個模型。

　　11.遊戲中的創造力：能從毫無目的的遊戲活動中演化出技術、知識和本能。

　　12.轉化：使用新獲得的思維技巧，形成新發明的基本構圖，然後制出模型。

　　13.綜合：使用各種幫助思維的工具得出結果便是綜合。能用各種不同的方式對事物進行思考，諸如身體、直覺、感官、精神和智力等。

※拓展故事　教練的智慧

　　兩年一屆的動物籃球運動會在「新氧氣森林籃球樂園」開幕了，16只進入決賽的球隊各個摩拳擦掌，準備在比賽中大顯身手，爭創佳績。

　　上屆冠軍大象隊陣容整齊，主教練和隊員們士氣高漲，雖然言談低調，但可以感覺到它們此行志在衛冕。

　　黑熊隊在上屆比賽中以2分惜敗獲得亞軍，在知名教練「大黑」的帶領下，它們也是為金牌而來的。

　　開賽後大象隊與黑熊隊在各自小組輕鬆出線，在8進4的比賽中，它們分別戰勝了野馬隊和駱駝隊，而後又各自戰勝了花豹隊和猛獅隊會師決賽。

　　大象隊全體將士士氣高漲獲得了好評，黑熊隊在比賽中狂

掃對手，也被大家看好，只是教練「大黑」成了各家媒體關注的焦點，並不是它在比賽中運籌帷幄的能力，而是它一反常態地在比賽中向裁判頻頻發難，尤其是對山羊隊的那場比賽，已經領先 20 多分了，還為一個球與袋鼠裁判爭執不下，連球迷都為此球連連發出「噓聲」。

決賽就要開始了，大象隊和黑熊隊隊員都在場上做著熱身，裁判大狗、長頸鹿和白鴿入場，它們也都知道「大黑」的「叫真」，在與教練員握手致意時，雖有準備但還是有點彆扭與不安，令它們沒想到的是，這次「大黑」非常地友好。

隨著長頸鹿將球上拋，比賽開始了，前三節交替領先以平局進入第四節。從比賽開始，令觀眾和裁判迷惑的是，這回「大黑」不僅沒有追著裁判計較，反而在裁判出現小疏漏時投以諒解的目光，有時還會報以微笑。比賽在最後時刻打成了 100：100，就在一個可判可不判的爭搶中，裁判們同時判了大象隊中鋒 5 號隊員「長鼻」犯規，因為全隊犯規已超過「20 次」，判罰球兩次。黑熊隊員兩罰一中，最終以 101：100 戰勝了大象隊，如願以償的獲得了冠軍，而整場比賽都覺委屈的大象隊只能在場邊無奈的生氣。

後來技術統計，整場比賽裁判出現了 9 次小失誤，其中 7 次對黑熊隊有利。

故事的哲理

故事中不同角度有不同的哲理，我們從領導力的角度來看看，有什麼哲理。

　　第一，黑熊隊教練對裁判施加壓力，讓裁判覺得自己犯錯就會得到攻擊，但誰又能不犯錯呢？況且又不是有意。

　　第二，在大比分領先時還那麼叫真，是故意做的表演，本不該計較的反倒更計較，看不懂。這種事生活中也常有。

　　第三，到了關鍵時刻反倒完全變了，裁判以為它跟自己很好或最滿意自己的執法水準，反倒產生好感。有點暗自得意。

　　第四，拋卻負面問題不說，原來比賽不僅和對手比技術、比戰術，教練比心理不僅是教練間的事，和裁判「相處的技巧」也是獲得「天時、地利、人和」的一部分。這一切都是一個局，也可以認為是領導力。

　　原來比賽有這麼多技巧，有點意思，生活中又何嘗不是呢？

10 培訓課程選擇與安排

1.個人的挑戰項目，不可缺少

在戶外拓展訓練中不是說要進行團隊建設就只做團隊項目就可以了，其實個人項目的進行恰是團隊建設的良好契機。

(1)有助於對員工毅力與品質的培養。

「當你要放棄的時候，其實離成功已只有一步之遙了。」關鍵時刻的毅力往往是一個人成功的重要保障，它能幫助員工完成跨越目標的關鍵一越。所以，企業應將培訓員工的毅力與品質放於首位。在野外戶外拓展訓練中的斷橋、空中單杠、攀岩等個人項目恰是對個人心理與信心的挑戰。

(2)對員工的鼓勵與支持有利於加強團隊的凝聚力。

在個人項目中，個人所要完成的規定項目都是在所有隊友的關注下進行的，同伴的口號、隊友的目光都成為每個人前進的動力。在這樣一種濃厚的感情衝擊下，每個人會盡自己的最大力量來完成每一個看似不可能做好的項目。在眾多同伴的幫助下會使員工體會到實際工作中的困難遠不如想像中的困難那麼大。只要生活在集體中，力量就是無窮的。

例如在空中單杠項目中要求每人爬上 10 米高的柱子,從半徑為 30 釐米的圓盤上飛身向前越出，並抓住面前的單杠，培養

學員面對挑戰與困難的勇氣。

2.雙人合作項目，是團隊真正形成的過渡項目

在拓展培訓中，雙人項目是一個過渡項目，它是聯繫個人與團隊建設的紐帶，在雙人項目中一般採用高空相依、天梯等。在雙人的高度配合中每個人與同伴都會產生相互的信任與依賴。

例如，高空相依是每組兩人分別站在兩根鋼纜上手掌相抵，從一端到達另一端。這使參訓的員工體會到了信任，體會到「人」字的結構是相互支撐。此時，每個人都會深刻的意識到什麼是將自己的生命與安全交付給你最相信的人。雙人項目的進行使員工對團隊中的每個同伴產生極大的信任與關注，這為團隊建設提供了良好的保障。

3.團隊活動項目，是戶外拓展訓練培訓的精華所在

(1)團隊項目仍是個人能力的體現。團隊的打造是拓展培訓的宗旨，為團隊建設而努力是每個項目所要達到的目標。但是並不意味著團隊項目就是大家的責任，如果責任是大家的，那麼等於每個人都沒有責任。所以，團隊項目仍是個人能力的體現，在團隊項目中個人的能力只有在集體中的運用才能產生價值。在團隊中，個人的領導能力、組織能力、團隊精神、身體素質可以發揮到極致。此時，個人會在整個團隊中體現個人的能力，會有更大的歸宿感與成就感。團隊項目以個人的努力為基礎，個人成為團隊不可或缺的元素。

例如在攀越勝利牆的項目中員工們面對一個 4.5 米的高牆，要在 45 分鐘之內全部逃生。在這種條件下，大家只有用肩

膀搭起一座人牆，相互支撐，團結一心，才能成功。同時在這個項目中，攀越的機會是大家選擇的，在其中會充分反映員工爲他人著想的奉獻精神。

(2)團隊項目是團隊目標一致的重要體現。

在團隊項目中有一個訓練團隊紀律和協調性的項目——無軌電車。項目設置有兩塊長木條，每個隊按順序排成一縱列，每個人左腳踩在左邊的木條上，右腳踩在右邊的木條上，雙手抓住左右兩邊的繩子，開始統一行進，以使員工明瞭團隊目標一致的重要性。同時在團隊中，培訓師會有意識地將企業的文化與企業的精神灌輸給每個員工，讓其意識到團隊統一行動的重要性。

11 戶外拓展訓練疑問解答

1.參加戶外拓展訓練有何幫助？

戶外拓展訓練能夠發揮個人的長處，發掘自身潛能。通過整個訓練過程，建立自我價值，在組員互助中學會妥善處理人際關係。人們通常在一個不能掌握的環境下才能真正認識自己的潛能、處事態度及價值觀。

2.體能基礎較差，能否參加訓練課程？

當然可以。只要有健康的身體，有一定的體能，同時投入訓練課程，便可享受課程中的寶貴經歷。

3.恐高、怕辛苦、膽小的人，可否參加？

訓練開始時，參加者會比較緊張，只要參與者放開自己、積極投入、接受挑戰，就會有意想不到的感受和收穫。而且所有訓練課程都是一個人能力範圍內可完成的。

4.什麼情況下參加最好？

當我們感到精神壓抑、沮喪甚至絕望的時候，當我們的事業停滯不前的時候，也就是我們需要審視自己、改變自己的時候。

你可以問自己幾個問題：你瞭解自己嗎？你知道當你面對壓力、挑戰時會怎樣嗎？你瞭解你的團隊嗎？你知道當你在抱

怨你的團隊時，也許問題就出在你身上嗎？你知道怎樣才能做到 1＋1＞2 嗎？如果你不能回答這些問題，你就應該改變一下，進行素質戶外拓展訓練了。

5.拓展活動是否安全？

拓展活動的安全是大家最為關心的問題。如果你因為安全問題而裹足不前，這時就更應該選擇戶外拓展訓練來鍛鍊自己，因為，拓展培訓裏有一個重要的理念，就是要換位思考，角色扮演。試想在這種拓展活動中組織者最先考慮的就是活動的安全性。每個項目都是經過上百次反復的推敲和實踐得來的。從安全保護和活動的實施上可以說如你行走平地一般安全。

美國專業體驗培訓機構 Project Adventure 曾根據自己 15 年內培訓人員的受傷數，就戶外拓展訓練的安全性得到這樣一份統計表。

活動內容	每百萬小時活動的受傷數
體驗培訓	3.67
負重行走	192
帆板運動	220
定向賽跑	840
籃　球	2650
足　球	4500

從某種程度上，體驗培訓比散步還安全，意外發生率很低。而且，規範的培訓機構都會提供保險，為學員消除顧慮。

6.要保證學員的高度參與，除了培訓師的引導能力，組織
　員工參加培訓的企業還應該做什麼呢？

　　首先要有明確的企業培訓目標，就是企業爲什麼要組織自己的員工來參加培訓。一般來說，新員工的培訓，其主旨是人際關係的建立溝通以及企業文化的滲透；而對於企業的中高層管理者，提升領導和決策能力就成爲了培訓的重點。然後針對企業的不同目標，培訓公司會爲其量身定做不同的培訓課程。通過企業、參訓員工以及培訓課程這三者的培訓目標達成一致，使員工認識到培訓將會對企業和個人產生的深遠影響。這樣才能使參訓員工真正地投入到培訓當中去。

　　而培訓公司的師資水準也是重要因素之一。現在有很多培訓公司都可以提供類似的課程。這一方面促使國內戶外拓展訓練的水準不斷提高，另一方面也導致了整個培訓市場魚龍混雜。那麼企業選擇什麼樣的培訓公司來爲其培訓，也成爲影響培訓效果的一個重要因素。

7.大家都參加培訓，但每個人最後的效果是不同的，要使
　戶外拓展訓練真正發生作用，參加者需要注意什麼呢？

　　對於每個學員，參訓的態度不同將直接影響培訓的結果。戶外拓展訓練屬於一種內省式的學習方法，要求學員有非常高的參與度，才能達到培訓的最佳效果。而從另外一個意義來講，培訓師要有非常好的引導能力，才能使學員進入這樣一種內省狀態。因此這就要求一次成功的培訓必須具備兩個基本條件：一是學員的高度參與；二是培訓師的引導能力較強。

第 二 章

戶外拓展訓練的五個課程層次

對於絕大多數人，當提到戶外拓展訓練時，要麼知之甚少，要麼就說一些高風險的活動，在他們看來，那些令人心跳加快、充滿挑戰的活動，好像只是那些愛冒險的年輕人的遊戲。這也是許多學員在活動之後所津津樂道，會為自己的勇氣所嘆服，將此渲染傳播之後的結果。

如果沒有親身感受，絕大多數情況下聽到之後的感覺只是有驚無險，然而當我們想到這些活動可能導致從數十米的懸崖上跌落下來，或者偶爾疏忽就會從近十米的高空器械上摔下，只要這些情景在腦海中閃現，第一反應一定是「我還是不參加為好」。如果想要組織全體人員參加，各級主管同樣會將戶外拓展訓練的活動申請計畫放置一邊。

戶外拓展訓練的挑戰性是其項目所具魅力之一，其中一些活動中確實存在著高風險，這種高風險的活動一方面可以滿足

極少數人群的極限挑戰願望，另一方面也爲組織與實施此類活動者提出了更高的理論與實踐技術的學習要求。當然爲了避免風險可能造成的損失，我們需要加強學習相關的知識和內容，加強對活動者的管理與要求，做好應對風險的準備並輔以必要的保險策略來抵禦風險後果。

　　流行在培訓領域的戶外拓展訓練，主要以場地項目爲主，風險項目主要以模擬自然環境中的各種風險情境，在特有的安全保護條件下進行。即便如此，高風險的活動在課程中也不作爲主體，我們更多的是將那些可以規避風險，但仍能對我們產生較強衝擊的項目，合理貫穿於課程之中，最終完成活動項目，達到更好的學習效果。

　　怎樣讓我們更好的認識戶外拓展訓練？戶外拓展訓練的課程體系到底是怎樣的？難道只是一些挑戰風險的項目？爲什麼它能夠在世界範圍內受到越來越多的人喜愛和認可？這和我們正確認識戶外拓展訓練的課程體系有直接的關係，不同的課程具有不同的針對性，也會給參加者以不同的體驗，並且得到不同的收穫。

　　對於諸多戶外拓展訓練項目，選擇那些進行使用，如何搭配以使身體能量消耗與心理活動的衝擊在比例上趨於合理，需要對每一個項目活動的特點進行比較、分析，並在實踐中進行驗證。

　　戶外拓展訓練的課程活動在實施中，通過項目的活動方式、學員在項目中的角色認定以及項目對學員的培養目的，對每一個項目進行評估並劃分在五個應用層次，這對於我們合理

選擇項目，並將其合理安排是非常重要的。

1 在室內也可進行拓展訓練

　　第一個層次，在室內也可進行拓展訓練。我們一般會在開始活動項目前，將學員集中在訓練場、教室或會議室中，完成戶外拓展訓練課程的開始部分，這一部分課程包括：

　　講解戶外拓展訓練的基本知識。

　　講解戶外拓展訓練完成任務所應具備的基本技能。

　　講解戶外拓展訓練活動中所應注意的行為規範與安全要求。

　　講解戶外拓展訓練活動的模式及分享回顧時的形式。

　　講解戶外拓展訓練課程中團隊文化的存在意義。

　　講解分析可能遇到的困難以及如何用積極心態面對。

　　有時候，會插入一些理論知識學習，包括團隊建設、管理技巧、個人溝通與職業素養或專題講座等。

　　項目範例：溝通學習、破冰課等。

2 較低風險，挑戰個人的戶外活動項目

第二個層次，較低風險的戶外活動項目，在團隊的支持下，以個人挑戰為主的項目。

強調個人用積極的心態與行動參與項目。

感受隊友支持下接受挑戰。

加強自信與互信的培養。

項目範例：高臺演講、信任跳水。

3 較低風險，挑戰團隊的戶外培訓活動

第三個層次，風險較低的戶外活動項目，以團隊挑戰為主。

樹立團隊共同面對困難與戰勝困難的信心。

加強組織內的有效溝通。

加強所有學員之間的合作意識與合作技巧。

明確分工與領導產生在團隊中的作用。

瞭解個體決策、專家意見與群策結果的差異。

關於層級管理、領導授權、監督機制、時間統籌的學習等。

項目範例：盲人方陣、求生電網、數字傳遞。

4 較高風險，挑戰個人的戶外活動項目

第四個層次，較高風險的戶外活動項目，在團隊的共同參與下，以激發個人潛能，挑戰與戰勝困難的項目，尤其是對個體心理衝擊力較大的項目。

幫助個體瞭解自己在團隊中的作用。

理解自己與他人之間的關係，個體逃避困難將使團隊受挫。

從一個新的角度認識自己的能力與潛力。

培養自立自強、勇敢面對困難與戰勝困難的決心。

培養在挫折面前自我說服能力。

增強自我激勵與對他人的激勵能力。

合理的樹立榜樣以及效仿榜樣。

體驗成功並能快樂的與他人分享。

認同在同一現實面前有不同認知，並能求同存異的看待問題。

合理的保護幫助與信任隊友幫助。

項目範例：信任背摔、高空斷橋、空中單杠等。

5 較高風險，挑戰團隊的戶外培訓活動

第五個層次，較高風險的戶外活動項目，團隊接受挑戰。

培養團隊意識與團隊合作精神。

提高團隊工作效率，營造和諧環境。

培養良好的人際關係。

培養團隊內部學習與互助的能力。

強調信任在團隊中的作用。

對團隊良性發展的及時肯定與認知等。

項目範例：求生牆。

雖然將這些活動分為 5 個層次，並不是表明那個層次優於那個層次，也不是那個層次更適合於進入課程裏，在這只是想表明這些項目在活動的性質上有一定的針對性。教師安排課程時的要求，團隊發展所處的不同時期，接受挑戰與完成任務所產生的結果也許會不盡相同，甚至會產生相悖的可能，這就要求要及時瞭解個人或團隊在當時的挑戰能力，活動項目進行合理的設置與調配，這樣至少可以使安全隱患降低，也有利於最終的培養目標。

※拓展故事　如何選擇

在一次戶外拓展訓練活動結束後，我和學員坐同一輛車返回城裏，路上大家有人昏昏欲睡，有人卻興致盎然，我旁邊的幾個學員不斷地問我一些問題，有人提議讓我講個故事，再啟發啟發他們。我想了想，和他們一起分享了這個帶有「忽悠」色彩的故事。

「你是一個生活幸福而又快樂的年輕人，在一個風雪交加的傍晚，路上行人寥寥無幾，你開著車去聽音樂會，路過一個公車站，那裏站著三個人：一位是得了急病的老太太，沒人陪護，準備獨自前往醫院，你覺得這位老人很可憐，很想幫幫她；旁邊是一位救過你生命的醫生，是你的大恩人，你做夢都想報答他，正好今天他的車壞了，也在這裏等公車；還有一位年輕的人，是那種你做夢都想娶/嫁的人，從她/他的眼神可以看出，你們一見鍾情，假如錯過以後就再也沒有了。」

「但是你的車只能坐一個人，按照戶外拓展訓練課的思路，你會如何選擇呢？請解釋你的理由。」

一位女士很快回答：「當然是救人要緊了」。

前排的那個小夥子半開玩笑道說：「我寧可選擇那個姑娘，我相信醫生可以在車站照顧那個老人。」

還有一位說：「我知道，老師的意思肯定是讓他們自己決定。」

　　幾種理由都有道理，但是我只是賣著關子笑而不答。直到大家開始否認了各自的答案後，詢問結果。我說:「最好的答案是: 把車讓給醫生開，讓他帶著老人去醫院，而你留下來陪你的夢中情人一起等公車。」

故事的哲理

　　是否我們從未想過要放棄我們手中已經擁有的優勢，比如在這的汽車、駕駛權還有音樂會，在管理中我們在不同情境下勇於放棄一些我們的權力，我們可能會不再困惑，這可能會帶給我們輕鬆和快樂，有時還會在其他方面得到許多收穫；在生活中我們能放棄一些我們以為無法放棄的東西，我們可能會得到更多。

第 三 章

戶外拓展訓練的課程模式

　　戶外拓展訓練課程是由多個針對不同訓練目的的項目組成，這些項目的使用按照不同的訓練目的進行排列組合，將不同類別、不同應用層次的項目穿插使用，在安排項目順序的時候，最好能夠做到循序漸進，因勢利導。

　　一般來說，課程模式主要包括：前期分析——課程設計——場景佈置——挑戰體驗——分享回顧——引導總結——提升心智——改變行爲。

1 前期分析

　　不同行業、不同環境、不同領導風格的參訓群體有不同的特徵，不同性別、不同民族、不同年齡層次的學員在培訓活動中也會有不同表現，因此，課程設計的優劣以及其後的一系列環節，能否有好的效果，都和對參訓群體的前期分析有密切關係。

　　對於同在一家公司的不同員工群體，也會有不同的差別，我們對此要有足夠的瞭解。像某 IT 公司的研究院與其一線生產人員的管理風格不相同一樣，戶外拓展訓練的項目設計與結果要求也不盡相同。

　　對於一個準備前來參訓的團體，努力瞭解他們的行業特徵以及換位思考他們想要的培訓結果，這是一種負責的態度，也是培訓機構必須要做的。曾經為一個客戶是一家優秀的跨國快遞公司，他們的工作特徵是以最快的速度為客戶遞送郵件。公司管理有條不紊，員工們工作積極努力，能夠很好的完成任務。但幾次溝通中隱約感受到客戶部經理的一些隱憂，同時人力資源經理也有些想法，慢慢的明白了，在快遞服務業中瞭解司機是非常重要的，不同的性格、偏好等有時會對工作有一定的影響，有時候僅僅靠駕駛技術來選擇司機與安排線路是不夠的。

如何讓司機在經常堵車的城市道路上，既能選擇正確的道路，又能以平和的心態完成工作非常重要，而安全又是完成任務的前提，是行業生存與發展的命脈。

　　爲此，專門設計了一個項目，叫做「十字路口」。擁堵的十字路口，每一個路口都排了長長的車隊，太久的時間內，汽車幾乎不能前進，而每一輛車都希望儘快通過，可以想像如果沒有合理的疏導是何種場面，可是車多路窄，只有十字路的中間可以利用，如何通過？大家不僅找到了辦法，並且找到了內心深處的路徑，從中明白了彼此交流的作用，理解博弈本身想要達到的目的是獲得共贏。有人回顧說自己全局觀增加了，也懂得了包容，還有人說覺得自己身爲司機有了交警認識問題的眼光。

　　而對於安全問題，在其後大家一起交流，在談到安全的細節中，我們有的放矢的與之交流，正是由於前期分析的結果，所有的拓展教師都和大家分享了這個故事：

　　一位總經理新購一輛性能卓越的新款汽車，準備高薪選聘一位優秀的司機，消息一經發佈，應聘者如潮，經過層層篩選，有四位司機獲得了最後面試的機會。

　　他們四位都有長期安全行駛的記錄，體格健壯反應敏捷，視力都非常好，都不喝酒……總之，他們看似具備了優秀司機的所需條件。

　　最後一關總經理決定親自面試，總經理看到他們覺得很滿意，並進行了幾道有關各自技術優勢的提問，每一位的回答都讓他覺得可以信賴，這時他突然想到了一個問題：「你們都說自

己的駕駛技術高明，如果有一天咱們一同進山，左邊有車通過，右邊是懸崖，你們覺得你的技術能離懸崖多遠而不至於掉下去呢？」

　　第一位司機急切的說:「半米遠。」總經理輕輕的點了點頭。

　　第二位司機想了想說:「30 釐米」總經理還是輕輕的點了點頭。

　　第三位司機用手比測了一番，然後說:「10 釐米甚至更近一點。」總經理依然只是輕輕的點了點頭。

　　該到第四位司機說了，前面幾位想他一定說的更近。

　　第四位司機看了看總經理說:「我沒試過，我開車都是讓車儘量遠離懸崖邊緣！」

　　此時，總經理很高興地與之握手說:「很高興你能成為我的新司機，我相信坐你開的車會很安全。」

　　在這故事的背後，確定隱藏了一些問題，在給出答案前，同樣提問了幾位司機，他們的答案也是各不相同，但當最後的答案出現後，相信大家一定會有所感悟，也會把這種感悟帶回到生活中去。同樣我們也能感覺到，前期的分析對於課程其後的各個環節有著非常重要的作用。

2 課程設計

　　課程設計是依據對參訓群體的特徵與需求進行調查分析，制定出盡可能滿足學員要求與最能表現訓練結果的課程。

　　課程設計要以整個團隊的學習目標爲主旨，課程項目要有針對性；如果學員人數較多，需要分成多個小組（隊）時，必須讓所有的拓展教師都瞭解此次培訓目的；主要項目的活動安排應該有相同的基調，要設計好項目與場地的輪換順序；設計課程時必須瞭解拓展教師對於課程順序的偏好與調節能力，爲了達到好的效果，拓展教師可以留有一些備用項目，但整個課程的訓練必須有異曲同工之結果。

　　對於需要幾個小組（隊）同時訓練來說，開始的分組也是至關重要的，如何分組也應與委託方進行前期溝通，或是在學校班級集合報到前做好準備，建議不要總是讓學員自己選擇夥伴、組建團隊，這會導致他們總是和自己喜歡或熟悉的人在一起，要充分發揮組織技巧、儘量去鼓勵整體的融合，而不僅僅是小團體成員之間的親密無間。通過對團隊人員的組織安排，你甚至可以使平日的仇敵在活動結束後成爲夥伴。

　　一般總人數按每隊 12 人～16 人隨機分開，即可以確定總隊數 n，將男生分別按 1-n（隊數）報數，女生分別按（隊數）n-1

報數，這樣可以保證各隊總人數儘量相同。然後將報相同數字的人分為一隊，數一的為一隊，數二的為二隊，依此類推。這種方法雖然簡單，但經常會出現學員忘記自己的數字或進入好友數字的隊伍，我們經常是當學員在進入「破冰課」課堂時，發給他們一張有標誌的卡片，卡片的標誌種類數量由組數決定，各種卡總數由每組的人數決定，男女分開，保證同樣的組數即可。當然我們經常在不超過四個組時用撲克牌進行，如：

此次有 59 人參加訓練，其中男生 38 人，女生 21 人，如何分組？

首先確定組數：應該分 4 組

1.採用報數分組為：

男生 1～4 報數，女生 4～1 報數

實際分組結果：

第一組 15 人，10 男 5 女

第二組 15 人，10 男 5 女

第三組 14 人，9 男 5 女

第四組 15 人，9 男 6 女

2.採用領卡分組為：

按上述結果，用撲克牌花色代替，第一組用紅桃，第二組方片，第三組梅花，第四組黑桃。

需準備男生分組用牌：

紅桃 1～10，方片 1～10，梅花 1～9，黑桃 1～9。

需準備女生分組用牌：

紅桃 1～5，方片 1～5，梅花 1～5，黑桃 1～6。

　　學員領牌時告知:「一定要妥善保存,別讓別人看到你的牌」或其他一些故作神秘的話語,其後他們感到新奇,有人認為是抽獎,有人認為是秘密證明,在猜測中很好的保存自己的牌,直到宣佈分組時恍然大悟,當拓展教師加以說明此種分組的益處時,他們認為這就是一種不同於平時報數的好方法,也許會大加讚賞。

　　對於拓展教師來說,一定會面對不同的學員,有企業人員、事業團體、管理課程班亦或是普通學員,這些人有他們獨特的群體特徵,個別人還會有他們特殊的願望與需求。我們不能指望一套課程就能夠解決所有的問題,也千萬別指望他們會有同樣的需求,多瞭解各種群體的特徵與需求,多做一些準備,隨時準備應付計畫之外的事情才是明智的選擇。

　　具體內容的設計比較理想的順序是以「破冰課」類開始,首先介紹戶外拓展訓練的常識與學習目的,然後安排一個小的項目,讓學員感受「體驗式學習」與傳統學習方式的不同,例如,「齊眉杆」就是一個不錯的選擇,一根輕竹竿,水準放在一些學員的食指上,從眼睛的高度下降到膝蓋的高度,看似簡單卻讓學員內心震撼。當然儘快讓小隊的成員熟悉起來是「破冰課」的重要內容,安排一些消除拘謹的項目,鼓勵小組(隊)做一些突破常規的事情,這些小活動在很短的時間內就能打破「堅冰」,至少能使拓展教師與學員間不再那麼隔閡。

　　1.現有的戶外拓展訓練「破冰課」一般會加入一個「旗人旗事」活動,在每隊一面的旗幟上,寫上所起的隊名、隊歌、隊訓、畫上隊徽,以及每位隊員姓名與個性表白等,在其後的

時間內展示，能夠很好活躍氣氛，展示各隊的工作成果，更重要的是介紹了自己。這個活動經常有人用大張的白紙代替旗幟，也是不錯的選擇。

2.安排一些命中目標和建立信任的項目了，如果是若干隊伍，一起做完破冰活動後，各隊開始自己的項目，各項循環進行，因此項目的設計應該考慮各隊完成任務與回顧的時間，以確保交換項目的時機是在換項隊伍之間都完成的情況下進行。

3.設計的活動應該有一些娛樂性較強的項目，這能幫助我們更好的組織與實施訓練，也有利於團隊氣氛的活躍，但是不論是訓練開始還是過程中，甚至活動結束以後，如何讓戶外拓展訓練活動中所獲得的感悟與實際工作和生活聯繫起來，這也是非常重要的，因此在設計項目之初就必須把握培訓學習與趣味遊戲之間的不同。

3 場景佈置

　　場景佈置是按照活動項目的內容特點，合理利用活動環境，準確的佈置所需器材，使其具有項目要表達的真實性。場景佈置也包括拓展教師布課時所描述的情境。

　　佈置課程用具必須提前完成。最好不要當著學員的面去佈置和檢查器械，這會造成在布課中「洩露機密」。當然這樣也會使課程的連續性受到影響，至少比較浪費時間。

　　戶外拓展訓練課程經常需要一些特殊的道具，比如爲了表現黑夜的環境、受傷無法明視、對現狀無所瞭解等真實或模擬的情境，會讓學員戴上一個「眼罩」，使其更加真實的感受當時的狀況，此時眼罩的使用時間、使用時機對於完成任務起著至關重要的作用。

　　有些項目要求完成的精細，同時任務本身又極易出錯，所選用的器械與道具就顯得尤爲重要了。比如：雞蛋保衛站、孤島求生中，選擇用雞蛋作爲其中一種道具進行，雞蛋必須是生的，只有在破裂的瞬間所感受的挫折、失敗感更爲真實，所以不能用熟雞蛋替代。曾經有拓展教師試圖用乒乓球代替雞蛋，一旦我們隨意的改變器具，就有可能使課程從布課開始產生偏差。

當然,無論怎樣布課,如果挑戰不成功,都會有學員認為你當時沒說清,所以,在布課時就應該清楚記得自己說過什麼,可以在隨後的回顧中正確引導。

4 挑戰體驗

挑戰體驗是讓學員接受挑戰,完成項目要求的任務,從中體驗項目中預先設計的理念,並自然的從中得到感悟。

挑戰體驗不僅僅是一些望而生畏的項目,絕大多數項目都是我們能力範圍之內的,有些看似非常簡單,但需要我們付出努力才能完成。對於學員來說,最初的判斷也許和項目本身潛在的難度不同,拓展教師可以做一些簡略的提示,以使他們正確的面對所要接受的挑戰。

項目的難度與項目本身的設計有關,一般來說,高風險的項目難於低風險的項目,體力消耗多的項目難於體力消耗少的項目,主要活動在戶外的比可以進入室內完成的項目難些,道具增多也許難度就會加大。我們一般會對這些項目進行高、中、低體力與風險的劃分,綜合二者並參考活動地點與道具的情況,給項目本身做個劃分。一般來說,高難度的項目往往面向提高個人素質,挖掘個人潛力,低難度的項目更多是培養團隊精神,增強解決問題的能力、決策和溝通的能力。

　　學員對項目的難易認知取決於個人的感悟力、態度和價值觀，是他們的感官體驗和主觀理解的綜合。拓展教師在佈置項目任務時要及時地判斷學員的認知狀況，在合適的時機做出必要的提示。

　　學員體驗的過程從拓展教師布課就已經開始了，布課的過程有時就註定了體驗的結果，除非有特殊的要求或拓展教師有充足的準備，一般來說拓展教師會儘量提供給學員們一個可以自由發揮的機會，不要輕易地改變既有活動規則，這樣也利於其後環節的進程。

　　參與挑戰的過程是學員們的實踐過程，由於戶外拓展訓練的不確定性，體驗結果也不盡相同。獲得成功者殊途同歸，沒有成功的活動過程也各具特點。拓展教師可以在每次活動時安排個別學員做觀察員，觀察員除了保護隊友的安全外，也可以幫助記錄活動的進程，關鍵時期的關鍵話語，具有正確或錯誤導向的決策及發生時間，團隊出現的主要問題等，當然拓展教師也應該準確記錄，以便在分享回顧時運用。

　　體驗過程要有連續性，不能在活動過程中輕易停止下來，如果有可能儘量全隊完成，必須中止時一定要選擇合適的時機。

　　一個紀律很嚴的培訓團體，要求各隊在中午 12：00 準時集合共進午餐，如果遲到，每分鐘要罰 10 個俯臥撐。快到時間時，其中一個隊伍正在做「空中斷橋」，還有兩個人沒做，其中一個學員爬上去，站在高空，內心已經鼓足了勇氣，準備再次嘗試，可是拓展教師讓其下來並告知下午繼續。整個隊伍回去集合吃飯，下午再次回到斷橋下，該學員不論怎麼勸說，再也不願上

去。此現象最好不要發生，即使這個學員完成了，對後面的兩位也有一定影響，至少這個項目後面的環節連續性上受到影響，午飯後的回顧會大打折扣，當然不可控因素是戶外拓展訓練裏經常出現的，我們合理的安排才能使活動效果的損失降到最小。

　　活動中遇到困難要依靠個人能力與團隊的力量去解決，不要輕易的求助拓展教師，也不要輕易的挑戰規則。經常會有學員認為規則沒有講清楚，也有學員會向拓展教師提問，通過觀察拓展教師做行動依據，這都是不可取的。一個好的拓展教師，既是一個好的「導演」，也是一個好的「演員」，當然，一個指導教師即使不做任何動作，眼神也是學員判斷的依據，我們不鼓勵拓展教師的「目光回避術」，因此在某些項目中，一副好的墨鏡不僅保護眼睛，也能使學員們不至於從流露的眼神中找到答案。

項目的難度與學員判斷分析提示

項目本身的難度	學員挑戰前的認知	拓展教師的提示	提示目的
較高難度的項目	較高難度的項目	這是一個有一定難度的項目,注意安全與時間把握,只要認真努力,也許你們會完成的和許多隊伍一樣好,我對你們有信心。	認可有難度,給予信心和鼓勵
	中等難度的項目	正確對待任務,不要輕視任務,每一項任務都需要付出努力,多些努力吧。	提醒作用
	較低難度的項目	這是一個成功率很低的項目,可能會出現許多意想不到的困難,一定要認真對待:	提醒警示暗示困難很多
中等難度的項目	較高難度的項目	有時候困難並沒想像中可怕。要相信自己,你們能行。	多些鼓勵,從受挫情緒中振作
	中等難度的項目	機遇是給有準備的人準備的,你們準備好了嗎?	認可不需太多提示
	較低難度的項目	別覺得你們完全有把握,有不少隊伍都在這個項目上後悔不已啊。	讓學員感知自己有些輕敵
較低難度的項目	較高難度的項目	樹立信心是成功所必須的,困難有時就像紙老虎,相信自己,我對你們充滿信心。	防止過於謹慎避免保守行為
	中等難度的項目	信心的建立在於我們能夠取得成功,給自己一次獲得成功的經驗吧,加油。	導向成功態勢
	較低難度的項目	僅僅完成是不夠的,做得更好一些,有些隊伍完成的非常優秀。	讓大家在成功中追求卓越

5 分享回顧

　　分享回顧是戶外拓展訓練的重要組成部分，它是在學員體驗後按特定的形式，將各自在完成任務時的感想，完成任務後的感受真誠的說出來，結合拓展教師的記錄與大家分享得失，求同存異達成默契，共同從中學習。

　　1.分享回顧的方式

　　分享回顧一般採用輪流發言與隨機發言相結合的形式，一個項目結束後，最好每人都有機會發表自己的看法，尤其是最初的幾個項目，要保證每人都有機會發言。分享回顧時經常會提到「圓桌會議」，也是以此為佐證，希望有一個「人人平等」的發言機會。因此拓展教師或隊長會提示所有的隊員，「在這裏所有人都是平等的，每一個人都可以暢所欲言」。我們有些 MBA班裏往往會有同一個企業來的同事，也有領導與管理人員甚至基層人員同時參加的隊伍，此時的提示很重要。

　　美國歷史巨片《亞瑟王》(King Arthur)，引起影迷和影評家們的熱評，影片講述在羅馬帝國崩潰後，亞瑟王如何利用著名的圓桌會議集合起一批有魄力的武士，來完成大不列顛統治大業的。亞瑟驍勇善戰和超凡的氣魄令一些非常優秀的騎士為之折服，他們紛紛加入亞瑟的隊伍之中，組織成著名的「圓桌

騎士」,這些英勇的戰士在亞瑟的帶領下一路勢如破竹,取得了
令人驕傲的戰績。

　　數世紀以來,歷史學家固執地認為流傳已久的亞瑟王只是
一個傳說,但在英國人民的心中,他的作為不僅改變了英國也
改寫了世界的歷史,他堪稱是一位永遠不會退位的王者。圓桌
會議的出現、戰爭中迷彩的發明乃至米字旗的淵源,據說都和
亞瑟王有直接聯繫。《不列顛百科全書》,專門把亞瑟王的「圓
桌」收入其中:「亞瑟王傳奇中,不列顛國王亞瑟的桌子,最先
在澤西的瓦斯所著《布魯特傳奇》(1155)中提到。該書紋述亞
瑟王命人製作一張大圓桌,使他的貴族們就座時免於尊卑高下
之爭」。

　　據西方歷史學家考證,「圓桌」並非亞瑟王所發明,而是亞
瑟王之父尤瑟・潘德拉貢的顧問墨林所造,後落入利奧德葛蘭
國王手中,國王把它贈給亞瑟,作為其女兒圭尼維爾嫁給亞瑟
的嫁妝。在當時,只有最勇敢的武士,才能加入圓桌騎士團。
如今,在英國的溫徹斯特城,尚有一處大廳,廳內可看到所謂
的「亞瑟王的圓桌」陳設在牆邊,供遊人觀賞。「圓桌」直徑
5.5米,乃13世紀遺物,被重新漆成亨利七世統治時期的都鐸
王朝(1485年～1603年)流行色,即淡綠色。可見,後世對傳說
的亞瑟王圓桌情有獨鐘,世代不已。圓桌文化的現代版本,可
見1930年～1932年的「圓桌會議」,即英國政府為研究制定印
度未來憲法而召開的一系列會議,甘地曾代表印度國大黨出席。

　　如今,我們在自己單位的會議室裏,在社會各界各種各樣
的會議中,常常能看到一張巨大的橢圓形圓桌,雖然圓桌的直

徑不等，但多少表示出諸位平等的含義。顯然，亞瑟王的圓桌理念已經滲透到現代人的生活中，成為社會人士的共識。

「圓桌」沒有棱角，卻削去了人與人之間的貴賤高低；「圓桌」沒有語言，卻表達了所有人渴望平等的願望；「圓桌」沒有臂膀，卻擁抱著世間至高無上的公正原則；「圓桌」沒有妝飾，卻把人類的理性之美、心靈之光集於一身。可以這樣說，現代社會的起源，便是亞瑟王那張不起眼的「圓桌」。

任何「圓桌」都需要兩條腿：一條腿是平等，另一條腿是自由。任何一個值得用「人」來命名的生命也需要兩條腿才能站立、行走：一條腿是平等，另一條腿是自由。任何一個國家的健康發展同樣需要兩條腿才會快速奔跑：一條腿是平等，另一條腿是自由。這就是圓桌文化的精髓。

發言順序經常是某一個人先開始，然後按順時針或逆時針方向輪流，當然個人挑戰項目按完成任務的先後順序也是一個不錯的選擇。第一個人經常會由最先完成任務的人開始，或者困難最大的那位開始，我們都應該在他們講完之後為其成功鼓掌，當然回顧過程中我們也會祝賀每一個成功的人。有時拓展教師和學員們會碰到在一個隊伍中出現個人挑戰不成功的現象，為了照顧他們的情緒我們有時說話會很謹慎，既使這樣也會害怕無意中刺傷了隊友的心靈，其實大可不必，可以很坦誠的對其說：「這次的不成功並不是最終的結果，每一個人都有自己的『軟肋』，可能你在這個項目中表現不佳，而在另一個項目中會成為優秀呢，況且我們其他人的成功也和你的支持分不開……」

2.分享回顧的原則

即時性原則：做完項目即刻進行回顧，完成項目時的情景歷歷在目，每一個人都會有許多的想法，都想在大腦興奮期內表達出來，這也是真實表達的最佳時機。比如：在孤島求生、紅黑牌項目結束後，學員們往往還沒來得及圍坐在一起就已經群情激昂，各種想法的表達之聲此消彼長，抓緊時間，讓大家儘快去表達自己的想法。

求同存異原則：每一個人都可以說出自己的真實感受，當出現不同想法時，我們一般不鼓勵針鋒相對的辯論，各自陳述自己的感受就可以了，這也正好可以感受到同一個項目的不同認知，正如我們所常說的，我們經常會對同一現象有不同的認識。

有一次，一個很特殊的團隊參加戶外拓展訓練，他們是一個學校的體育特長生，在做空中斷橋項目時，其中一個高大的男生杜某始終表現出自己超出隊友的「自信」，認為自己參加多年的籃球訓練，扣籃都不在話下，何懼這一米多寬的斷橋，自己一抬腿就能過去。摩拳擦掌終於輪到了自己，杜某滿懷信心的爬到一半，停住了，說了一句：「有點怕！」在隊友的鼓勵下，終於站到了斷橋之上，艱難地挪到板頭，面對對面 1 米多寬懸空的木板，腿不停的哆嗦，久久不能跨越……

雖然最終戰勝了困難，但其後的隊友是怎麼過去的，他都一直沒敢細看。恰巧後面有一位瘦小的女生小琴很從容的跨了過去，因為她是跳水運動員，跳臺訓練的經驗使自己內心中的確沒有太大的波瀾。當在回顧時，小琴說出自己的感受時，杜

某堅決說不相信會不害怕。如果此時就此辯論那就不是我們所要的回顧要求了，拓展教師適時的說：「由於每一個人對高空的反應各不相同，所以我們會出現不同的反應，每一種可能的存在在項目中都是真實的表現，無論我們表現多麼不同，但是有一點是相同的，那就是我們都付出了努力，我們都戰勝了困難，得到了成功的體驗，並且分享了他人成功的感受與經驗。」

我們經常在完成高空挑戰項目時，絕大多數人會覺得心驚膽戰，但個別人表現出很從容的樣子，也許他的確覺得容易，也許內心感受不出震撼，這的確是他的真實感受。

密切聯繫實際原則：所有的分享回顧在談完做項目的感受後，都會談及與現實的聯繫，學習是為了以後更好的工作和生活，因此，如何讓拓展項目與實際生活聯繫起來，是每一位參訓者所應做的，有的團隊經常會無休止的爭論項目本身的做法，這時拓展教師有義務將大家的談論焦點轉移到聯繫實際生活的問題上來，以使學習的目的更加明確有效。

追求卓越原則：許多問題都可以辯證地去分析，當說一個問題的優點時候，我們也能說出它的缺點，我們可以誠懇的接受不同的意見，但是，在回顧的過程中，我們儘量避免消極的、抱怨的、譏諷的觀點成為主調。

有一個隊伍，在完成孤島求生的項目中沒能成功，正如「珍珠島」上經常出現的情形，只顧自己忙而忽視其他事情，結果回顧中就有人堅持說現在的許多領導都和他們孤島中的表現一樣，是一個不關心下屬、不瞭解情況、不稱職的領導。這種話題很容易讓大家附和，如果不及時引導，抱怨情緒就會蔓延，

但擺在面前的事實又不能否認，如果此時拓展教師也加入其中一起批判，可以想像其後的狀況，學員不僅沒有學到如何去做，反而會怨聲載道、憤憤不平。

遇到此類情況，一個好的拓展教師此時一定會說：「你們說的都沒錯，的確正如大家所說的一樣，過去許多企業的領導者正是這樣，結果呢？由於沒能正確的領導，企業倒閉了。現在可能還會有，但是，這不是我們學習的榜樣，而且，在現今的企業中，尤其是那些優秀的企業，卓越的企業，他們的領導人正是在不斷吸取別人的教訓，正是想成為更優秀、更卓越的領導者，在不斷努力與進步，成為極具魅力的卓越的 CEO，帶領企業成為百年企業，成為世界 500 強企業，這才是我們要學習的。在學習中，之所以會出現這種問題，正是我們希望此情此景在訓練中出現，給我們警示，當我們回到工作中去避免此類現象的發生。當然今天活動中這幾位出現了這種問題，換了別人也會一樣，我們也許不是真正的領導，也正好通過角色轉變來換位思考領導的困難，有時，領導也需要幫助……」這樣，學員們會得到反思，會感到我們的學習是為了大家能夠提高，能夠進步，而不僅僅是體驗活動本身。

6 引導總結

　　引導總結是將活動中出現的問題和認知感受進行引導，用符合戶外拓展訓練理論基礎的理念進行科學的總結，使其理論更加嚴謹與體系化。這個環節主要由拓展教師來做，有時也會出現拓展教師授權給某個學員進行講解。

　　引導總結經常使用一些定理定律，比如最常用「鯰魚效應」、「馬太效應」、「木桶原理」等，對戶外拓展訓練中的活動行為進行概括。優秀企業的文化、原則、經驗總結也經常被引用，用名人名言來佐證也是常用的方法。當然絕大多數情況下，比較熟知的理論略加解釋即可彼此心領神會，同樣我們也許會接觸到一些諸如針對「紅黑牌」活動的有關博弈理論中的「納什均衡」，在完成「盲人方陣」時的「缺勤理論」等不常用的知識，最好能夠運用得當，解釋正確、分析透徹而又不能冗長複雜。不管任何理論，不是每一次回顧都必須使用，更不能為了展示自己而牽強的使用。

　　對於引導總結，有時候並不需要過於複雜高深，簡單的故事、含蓄的寓言、真實的案例往往能起到更好的學習效果。正如克雷洛甫所說：「有時把道理用寓言的形式講給人聽更易接受」。有許多時候，故事本身就是最有說服力的，再加上拓展項

目的震撼，在認同心理上就會更加接近。

　　有位著名企業家談到多年的管理實踐深有感觸的說：「提出一個管理思路或理念也許並不是難事，但是讓人們認同這個思路，才是最難的。經常想，《聖經》為什麼在西方能深入人心？靠的是裏面一個個深入人心的故事。推廣某個經營理念，用講故事的辦法是一個可行的方式。」

　　20世紀，曾有一位知名的社會學家預言：21世紀，將是說書人講故事的世紀！同樣在上世紀，另一位著名的管理大師也曾預言：講故事這個古老的技藝，可能是領導進行宣傳、教育員工的最好形式。

　　引導總結經常會和分享回顧交叉進行，進行適時的引導，做出精闢的點評，講述風趣的故事，不僅能使課堂生動活潑，而且也能讓學員牢記在心。

7 提升心智

　　提升心智是在分享回顧與引導總結後，將學員感悟與理解進行提升，主要運用鼓勵與肯定的形式，讓其對自己的能力與潛力有一個新的認識，對團隊的進展充滿信心，並相信自己能夠在實踐中合理運用的一個過程。

　　有些時候，一些人力資源主管們談及戶外拓展訓練，最常說道的是：我們在參加完項目之後，覺得自己好像只是玩了一場遊戲，將自己帶到了一個遊樂的世界，雖然在遊戲中感悟了一些心得，找到了一些解決問題的方法，但是，我們仍然對自己不夠自信，對團隊理念不夠嚮往。

　　由於一些學員接受戶外拓展訓練的時間很緊，而他們又十分喜歡這些很有意思的項目，因他們往往寄希望於一天或者兩天體驗更多的項目，對項目結束後的學習盡量「瘦身」，即使勉強進行回顧總結與提升，但是接受的意願與學習的心思都已改變，因此也造就學員「一心只在項目中」的結果。而正是一些培訓機構為了迎合「顧客」的意願，不能夠堅持培訓理念，在當時看來學員開心，現場氣氛不錯。然而其結果，正像一位資深拓展教師所說的那樣：「效果是好的，後果是不好的」。

　　提升心智主要是適時的肯定與鼓勵，這樣能夠讓很多人在

訓練中看到一個不同尋常的自己，能夠對自己充滿信心，能夠讓自己對未來產生更大的憧憬。經常有一些年齡稍長些的學員訓練結束後說：「我覺得自己年輕了十歲」。參加戶外拓展訓練，這種感覺在很多人中都會產生，不僅僅此時會有，心理學家們研究發現，即使一位普通的網球愛好者在看完頂級賽事的比賽後，也會覺得自己球技大長，能夠打出更好的球，這種現象也是戶外拓展訓練的價值所在之一隅。

一味的肯定與鼓勵對學員並非是最佳的心智提升。有時候幾個隊伍在一起訓練，一個在訓練中表現尋常，團隊建設進展平平的隊伍，正是由於有的拓展教師喜愛用「你們是我帶過的隊伍中最棒的一個」，甚至還會將現在隊伍中取得的一點點小成就與其他隊伍的閃失來個小的「分析比較」，造成了該隊伍妄自尊大，在課程結束總結時會想盡一切辦法讓大家承認他們的優秀。這種現象與結果是不好的，也是我們所反對的。合理的進行批評與總結，中肯的給出一些建議，適時的鼓勵都是需要的，這需要拓展教師同樣要有一個平衡的心態，共同爲培訓結果負責。

8 改變行為

改變行為是將戶外拓展訓練中的所感所悟在生活情境中得以運用，達到學習之初的目的。

學習的最終目的是將所學的知識得以運用，能否在戶外拓展訓練之後繼續持續當時的激情，回到工作與學習中能夠有所改變，是戶外拓展訓練課程的最終目的。能夠在日後得以運用多少，和我們對課程的設計與授課時的要求有很大關係，同時，參加學習者的心態也是至關重要的。即使二者都處於較佳情境，也許在項目中表現甚佳，但不能很好地將其與未來生活中可能遇到的事聯繫，對於培訓活動來說，並不能算作功德圓滿。

有一篇文章《戶外拓展訓練遭遇水土不服》，裏面有這樣一段話：「大家在一起封閉訓練時，稱兄道弟，親如一家，又擁抱又流淚，可到了單位就誰也不認識誰了。即便有幾個訓練時結下了深厚友誼，回到單位抱成一團，那也是搞小團體，而非大團結。」這的確是一個問題，但並不能以此來否認戶外拓展訓練本身，因為在一些發展較好的國度，戶外拓展訓練的確改變了許多人的生活，尤其當其運用到有輕微心理障礙的人群，或是對青少年犯罪人員的訓練，效果更加明顯。

戶外拓展訓練之所以出現此種情況，部分培訓造成的現

象，和培訓機構與參訓人員都有關係，這也是要將其改進，使培訓效果能在學習訓練之後繼續保持的重要問題所在。

對於學員前來參加戶外拓展訓練，必須讓其對戶外拓展訓練有一定的瞭解，大概知道什麼是此次學習的形式、內容、目的，這有助於更加深刻的體驗學習過程中的收穫。

某電腦科技有限公司負責培訓策劃的主管更是直言不諱：「我們對拓展培訓原本就沒有太高的期望，只是想創造個機會讓大家到大自然中放鬆一下，順便多些交流，提高大家的團隊合作精神。現在看來，效果還可以。」參加過戶外拓展訓練致力於從各個方面訓練員工的心理素質、鑄造優秀企業團隊的戶外拓展訓練，最後卻僅僅停留在讓員工加強交流的層面上，定位是不是發生了偏差？

還有一次，在見到學員們之後，聽到部分人對訓練課程抱怨不止，甚至有人出言不遜，仔細一問，原來這是一個公務員為主的團隊，他們由於倒班問題，剛剛下班就被接來郊外拓展基地，大家原以為是來放鬆一下，參加一個集體活動，來到之後才知道此行的目的。由於事前沒有準備，許多人都感到很意外，尤其「嚴格」的是一律不許請假，訓練結束後立即回去參加第二天的工作。雖然第二天的訓練效果並不差，但是在部分團隊訓練的回顧中，抱怨之情仍然沒有得到很好的解決。

也有一些參訓團體是希望得到一次很好的學習，但實踐下來效果並不令人滿意。有一個公司原是把戶外拓展訓練當作新人上崗培訓，一天的課程結束後公司經理深有感觸地說：「俗話說，冰凍三尺，非一日之寒。提高協作能力、溝通能力、領導

能力、開拓能力，需要一個較爲漫長而複雜的過程，這樣初淺的訓練能管用嗎？」對於新人，在一天的戶外拓展訓練中就希望得到一個質的提升也是很難的，其訓練結果也就是一些互相熟悉，學著融入團隊，對未來的工作激情與前景做些激勵與鼓舞。

　　當然，往往對此有微辭之人，都是比較希望戶外拓展訓練能夠對其有更大幫助之人。戶外拓展訓練的確是企業建設團隊、增進業績的有效工具，是學校改變學員學習思維，增強互助團結的一個手段。由於國內的戶外拓展訓練還處於起步階段，管理機制尙未健全，拓展教師品質參差不齊，課程體系還不完善。但從長遠看，戶外拓展訓練一定會走出一條具有特色的路。

※拓展故事　到底誰先上

　　在戶外拓展訓練中，許多高空項目以培養個人的挑戰能力為主，但是也不要忽視了暗含的培養共同挑戰的團隊意識。

　　在各拓展培訓學校裏都出現過一種現象，某個拓展教師在帶領學員挑戰某一固定的高空項目時，他所指導的隊伍總是不能按時完成，而且隊伍士氣總是在項目進入中段時士氣低靡，起初大家總是認為這是分隊巧合，遇到了那些「膽小」的學員，這種現象如果經常出現，就不僅僅是巧合了。仔細分析原因發現一個有趣的現象：在他帶領的隊伍裏，那些心理素質好、身

體條件利於完成項目的隊員接二連三地挑戰結束，此後的隊員雖然受到鼓舞，但是一旦出現一個隊員挑戰受阻，其他隊員也都會受到負面影響，於是壓力越來越大，造成部分隊員望而卻步。

後來，找出一些規律解決這個問題，首先瞭解每個學員的身體心理對項目反應的規律，大致把學員分成四種類型：

第一種類型的學員接到挑戰資訊時，自己會表示不怕，有極強的挑戰慾望，並會積極付諸實踐，拓展教師也能觀察出他們心裏也不怕，他們一般挑戰活動比較順利；

第二種類型的學員接到挑戰資訊時，自己會表示有點害怕，但會躍躍欲試，有一定的挑戰衝動，表明其實心裏不太怕；

第三種類型的學員接到挑戰資訊時，自己會表示不怕，口頭表示願意挑戰，但輪到自己時總是推讓，表明其實心裏害怕；

第四種類型的學員接到挑戰資訊時，自己會表示害怕，不斷退縮，不願挑戰，表明他們心裏的確很害怕。

能夠大致觀察出學員所對應的情況，對於團隊挑戰是極有幫助的，尤其是在學員挑戰的順序上，合理的搭配可以幫助團隊挑戰獲得更好的效果。

第一種學員在挑戰活動中首先挑戰有一定的好處，但不能讓他們連續在一起；

第二種學員可以適當地在隊伍的前後段位置接受挑戰；

第三種學員安排在第一種學員後面挑戰，可以通過對比達到激勵的效果，這種類型的學員最好多些鼓勵在隊伍的中前段位置上接受挑戰；

　　第四種學員在第二種學員後挑戰會有幫助，但是最好不要安排在最後，尤其不要將他們集中在最後參加挑戰。

　　可以想像如果第四種學員跟在第三種學員後面會出現什麼結果，他們之間只會造成對於高空恐懼的疊加，尤其是當第三種學員挑戰受阻後，第四種學員會想一個原本並沒有高空恐懼的人都這麼害怕，這個項目一定很難，造成加大自己心理負擔。

　　仔細想來在工作中也會有這四種類型的人，他們在面對一項具有的挑戰性的工作時也會有同樣的表現，如果合理的安排他們進入工作角色，也會收到很好的成效。

故事的哲理

　　人與他人必須生活在一起，因此受到別人影響就在所難免，這種影響有時候是積極因素，有時候是消極因素，「積極」與「消極」之間也在互相轉化，這種轉化在某些時候是可以人為控制的，仔細分析和合理使用潛在的有利條件，是一件很重要的事，尤其是許多人在一起的時候。

第 四 章

戶外拓展訓練的場地與器械

1 戶外拓展訓練的場地

　　場地的選擇對戶外拓展訓練是至關重要的，不同的場地會有不同的項目設置。同樣，合理的利用場地所製造的情境對於培訓效果也有幫助，進行戶外拓展訓練在高山與水上項目有所不同，炎熱的沙漠與寒冷的雪地對學員的態度也會有不同的影響。在這裏關注的場地還是以模擬情境下的戶外拓展訓練場地爲主，這些場地往往看似相同，其實每一個細節的變化都會有不同的培訓效果。

　　戶外拓展訓練根據場地的分類主要有自然環境的野外戶外拓展訓練場地，自然環境與人造環境相結合的戶外戶外拓展訓

練場地，人工建造的戶外拓展訓練場地等，按照戶外拓展訓練的操作模式，人工建造的場地是比較常用的。無論什麼樣的場地，都需要在不斷的實踐中進行改進，爲了表現項目的理念，隨著理念的變化，項目所需要的場地也在不斷的變化。

◎自然環境的野外戶外拓展訓練場地

野外拓展場地的安全由於環境複雜多變，適合具有一定專業訓練的人或在其組織與帶領下，體驗戶外拓展訓練的刺激與樂趣。參與此類活動必須有人對地形極爲熟悉，對當地的氣候條件有充分的瞭解，對週邊的環境有較好的處理經驗，做好各項準備之後，在活動前的一週內對場地再次進行前期考察，然後才能選擇使用。

◎自然環境與人造環境相結合的訓練場地

自然環境與人造環境相結合的場地是許多拓展活動所推崇的一種活動場地，它是在利用原有自然環境的基礎上，尋找適合某項活動所需要的可利用條件，在不破壞場地原貌的基礎上局部進行人爲改造。比如，利用大壩做沿繩下降，利用河流與鋼索搭建進行渡河活動等。

選擇使用此類場地要堅持場地週圍潛在危機小，場地具有一定的穩定持久性，活動期間不干擾週邊人群並具較強的抗干擾性。如林間尋寶活動：我們在設定了部分點標後，在活動時點標引起他人過多注意力或被不知情者移動、取走等都不利於我們進行訓練。

◎人工建造的戶外拓展訓練場地

戶外拓展訓練是我們按照一定的課程理念，將課程知識按照一定的要求，設計出符合要求的活動，並依據活動要求進行佈置與搭建的場地設施，讓活動者在其中學習訓練。戶外拓展訓練是開展較為普遍，易於被活動者接受，組織實施比較方便的一種形式。

場地訓練在場地的建設中必須設計合理、用料考究、施工仔細、檢查嚴格。同時遵循安全耐用、易使易查、留有備份的使用原則。

2　戶外拓展訓練的器械

戶外拓展訓練中所使用的器械，主要包括保護性器械、輔助器械、模擬器械、道具等，每一種器械都是不可缺少的。器械的選擇採購、合理使用、保養與維護，對於戶外拓展訓練都是非常重要的。對各種器械使用方法的掌握，不僅對於培訓機構有用，參訓學員對此也應該多一些關心與瞭解，因為最終的使用者正是我們自己。

◎頭盔

我們對於所使用的器械「從頭說起」，首先就是頭盔的選擇和使用。在戶外拓展訓練活動中，戴上頭盔能夠使外在的危險降低一半左右，相對堅硬的岩石與鋼鐵而言，我們的頭顱就像又硬又脆的雞蛋殼一樣。即使相對樹幹如果發生磕碰，我們也佔不到任何便宜。

不論我們參加場地戶外拓展訓練的高空項目，野外戶外拓展訓練中的攀爬與下降項目、水上項目或者繩索課程，都應該戴上頭盔。值得一提的是，許多拓展培訓機構雖然十分注重學員對頭盔使用，但也不能忘記對拓展教師使用頭盔的要求，對於拓展教師而言，自身的安全也來自於合理的使用頭盔，同時，這樣也能真正的向學員傳遞一種安全的理念。有時學員一定會想，拓展教師為什麼不戴頭盔，一個不注重自身安全的人能會真正注重學員的安全嗎？

在戶外拓展訓練中，一般選擇一些品質較好，功能簡單的頭盔，這類頭盔仍然保持款式經典、重量輕、舒適性和透氣性好的特點。

在戶外拓展訓練課程中，許多學員都是初次使用頭盔，有些學員甚至感覺很彆扭，不願意戴上頭盔，也有一些人戴上頭盔後喜歡用手不斷的整理調節，這和頭盔戴得是否合適有直接的關係。我們儘量選擇適合不同頭型的頭盔供學員使用，而且每一次儘量調節到最適合的狀態。

使用頭盔時需要注意的幾點事項：

　　1.儘量使用全可調的頭盔，包括頭圍與頸部的收緊裝置。有些頭盔是在塑膠外殼內固定了一層泡沫層，頭圍大小不能調解，一旦有頭圍較大的學員戴上之後，頭盔高高的翹在頭頂，而且會緊緊勒住頸部，既不美觀也不實用，重要的是能有多少安全保障更是難以確定。

　　2.不要將頭盔的前後戴倒了。頭盔和我們常戴的棒球帽一樣都有前後之分，棒球帽的帽檐朝後戴在頭上有時是不錯的選擇，但是頭盔這樣戴就不可以了，尤其是那種非流線型的半圓頭盔，經常有人無意間就戴倒了，這樣會覺得很不舒適，而且很容易遮住自己的眼睛。

　　3.將長髮盤在頭盔裏是好的選擇，頭髮上的裝飾物應該摘下。如果長髮在頭盔外飛舞，很有可能會和安全帶或繩索纏繞在一起，尤其在類似「空中單杠」這樣的項目，全身式後掛安全帶一定會給長髮帶來危險，戴頭盔時最好盤起來或用橡皮筋紮住，戴在頭盔裏。在整理器械時，經常會發現留在頭盔裏的幾縷青絲，這表明胡亂地將長髮塞進頭盔裏也會給自己帶來麻煩。頭上佩戴的飾物應該摘下，飾物有時候會和頭盔裏的震盪緩衝裝置「糾纏」在一起，讓自己陷入不該出現的麻煩中。

　　4.給學員戴頭盔時要注意細節，體現關懷。如果頸部的收緊帶是搭扣的，我們在扣上時必須用自己的一個手指墊在學員的頸頰部，防止扣緊搭扣時夾傷皮膚，並且需要把使用方法教給每一個學員。

　　頭盔的使用不僅僅能夠保護我們的頭頂，有時候還會保護我們的眼睛與臉部，尤其是流線型較好的頭盔，有的還會有一

個前遮，這樣的頭盔並不是因爲好看或時髦，尤其在一些快速移動的項目中，樹枝或繩索有可能會傷到臉部，此部分的仰角可以調節。

對於參加的戶外拓展訓練項目學員，頭盔一般不會戴太長時間，因此戴上一頂實用又能保證安全的頭盔就可以了，不過外形漂亮一些還是能夠讓學員戴上後感覺開心點。當然如果需要長時間帶頭盔，好的通透性能與溫度調節功能也需要考慮。

◎頭盔附件──頭燈

頭燈是戶外拓展訓練中經常使用的物品，當然有時候也用手電筒代替。如果在夜晚除了行走還要做一些活動，頭燈的作用是不可代替的。

新款氙燈泡/5LED 雙光源頭燈，可以滿足他們對時遠時近和更長時間使用的照明要求。LED 發光二極體頭燈，簡潔的設計，極輕的重量，出色的性價比值得選擇。可持續照明 60 小時～70 個小時，性能穩定，低溫表現好，同時還有信號閃光效果，磁性後座，可吸附在車身等金屬表面。作爲冷光的理想光源，LED 在使用時最大的好處是不會導致危險，尤其是在有大型食肉動物出沒的地區進行野外戶外拓展訓練，只可用 LED 燈泡而不可用手電筒的白熾光源，在水下的活動就更應該遵照這個原則了。

◎安全帶

安全帶是人與裝備的連接樞紐，常用的安全帶主要分爲全

身式安全帶、胸式安全帶、坐式安全帶。安全帶在攀岩與登山中是必備的裝備之一，攀岩安全帶與登山安全帶有所不同，一般不用做登山，但登山用安全帶可作攀岩使用，戶外拓展訓練中這兩種安全帶都會用到。

全身式安全帶在戶外拓展訓練的空中跳躍項目中使用，它的優點是可以防止人在空中的翻轉。全身可調，一種尺碼。胸圍最大尺寸 108 釐米，腿圍最大尺寸 90 釐米，常見的全身式安全帶前後各有一個掛點，有的有裝備環。重量一般為 600 克，輕便型的在 400 克左右。

很多時候，使用胸式安全帶是非常必要的，胸式安全帶可讓使用者在出現意外時不至於頭下腳上。有些拓展項目比如「空中單杠」，學員在完成時，沒有全身式安全帶可供使用，必須使用胸式安全帶的配合。當你背著巨沉的背包上升或下降時，你也會需要它。

胸式安全帶不能單獨使用。使用胸式安全帶代替全身式安全帶的缺點是，衝擊力較大時，身體的上半身承受的力過大，有時會造成危險的後果，尤其對於兒童，不能使用胸式安全帶。

胸式安全帶大多是全可調的，45 毫米的寬頻製成，重量在 200 克左右。

坐式安全帶，由腰帶和腿帶構成，可分為全可調和半可調兩種。

坐式全可調式安全帶，穿戴方便，適合戶外拓展訓練中的學員使用。現在許多安全帶的腰帶與腿帶都可以調整，腰帶採用獨特的喇叭口外形設計，可以提供更理想的支撐和舒適性，

使動作更加不受限制和自由。全可調安全帶腰部調整範圍 60〜100 釐米，腿部調整範圍 45〜72 釐米，大多都有裝備環，重量 300 克左右。

許多經典多用途半可調安全帶，腰部爲可調單扣，腰部內側爲柔軟舒適的 Synchilla 排汗抓絨襯墊，腿圈採用 2.5 釐米插扣快速連接，可以迅速調節和穿脫。

◎戶外拓展訓練用繩

在戶外拓展訓練中，繩索的作用是非常重要的。通常運用的繩索有：全程保護學員的上升、通過或跳躍、下降的動力繩，如「空中單杠」用繩；固定在場地器械上的，用於連接上升器，保護學員攀爬時上升或下降的靜力繩，如「高空斷橋」立柱上連接上升器的用繩；用於雙手抓握的不同粗細的麻繩，沿繩攀爬或擺動時使用，如「飛越急流」的秋千繩；用於結網或活動道具的普通粗尼龍繩，如「盲人方陣」所用的繩；各種細繩，如「風箏飛起來」的放飛線繩，「求生電網」的編織繩等

許多時候繩索的作用只是在出現意外時才能夠使用得上，比如在「高空斷橋」的項目中，在斷橋上時，繩索只是起到意外失手的保護作用，有的時候我們可以假想繩索並不存在。但是要提醒大家的是，無論我們有多大的「把握」，繩索是絕對不可以摘除的，不僅不能摘除，而且還要有更加安全的保證。

戶外拓展訓練中常使用的保護用繩和登山與攀岩活動中的用繩相同，所有的高空項目都會用到保護繩，戶外拓展訓練行業中所說的保護繩也就是攀登中的登山繩，國外稱爲動力繩

（Dynamic Ropc），是為了合理的降低高空項目的風險性，使戶外拓展訓練具有更高的安全性。

　　保護繩在戶外拓展訓練中是最重要的器材裝備，上升、下降和跳躍等各項活動都需要保護繩的保護。鐵鎖、安全帶等眾多用品也只有和保護繩聯繫在一起時才能發揮作用。

　　現今的動力繩全部採用在若干股絞織繩的外面加上一層外網的網織繩，而不是採用普通尼龍繩。動力繩的外網分為單織或雙織兩種，一般來說單織外網的動力繩摩擦力較小，也比較耐磨。直徑在 10 毫米以上的動力繩被稱為主繩，在繩頭標有UIAA 的字樣，這類繩子在戶外拓展訓練的高空項目中，對繩衝擊力較小的非跳躍性項目中可以單獨使用，比如「巨人梯」用一根動力繩保護一個學員即可。在跳躍性項目，如「空中單杠」或「空中拍球」必須使用雙繩，每根繩子要單獨掛入保護點，承擔衝擊力，還有一類直徑在 8 毫米左右的繩子被稱為了WINROPE，繩頭標為 UIAA 的字樣，這類繩子只能雙繩同時使用，單獨使用是危險的，所使用的繩子必須有 UIAA（國際登聯）的認證。

　　我們經常認為保護繩的拉力是一個至關重要的技術參數，其實對保護繩來說一般都不標最大拉力，而是標有衝擊力（Impact Force）、延展性（Stretch）和國際登聯下落次數（UIAAFULL）這幾個參數。這裏先要說明一下戶外拓展訓練高空項目對保護繩的要求，我們知道使下降物體停止下落時的拉力遠遠大於其本身的重量，而學員在跳躍下落時最終要靠保護繩的拉力控制下落，因而保護繩給人體一個極大的拉力，這個拉

力是關係到學員是否安全的重要參數。這類繩子的延展性一般在 6%～8%之間。UIAA 規定動力繩的延展性要低於 8%，否則將使保護繩變為蹦極繩，使學員在空中上下彈起，不能控制反倒加大危險。

還有一類被稱為 Static(靜力用繩)的繩子，這類繩子的延展性低於 1%，或視為理想狀態下的零延展性的繩子，這類繩子一般用於溪降、速降(沿繩下降)時使用，安裝上升器沿繩上升或下降，上升器若需用短繩與人體連接也不能使用靜力繩。有些培訓機構有用扁帶代替短繩的，這樣也會加大危險。這裏要特別指出的是靜力繩一般顏色為白色，價格比動力繩便宜，但決不能用於有超過 1 米墜落可能的上升，更不能用於跳躍項目。實驗結果顯示 80Kg 的物體，下落 0.6m 被靜力用繩拉住後，繩子給物體的衝擊力遠遠大於 12 千牛，這對戶外拓展訓練來說是絕不允許的。

使用保護繩要注意以下幾點。

1.認清動力繩與靜力繩的區別

用來攀登和跳躍的活動千萬不要用靜力繩。用靜力繩攀爬是對自己和別人的生命極其不負責任的表現，千萬不要以為繩子緩衝差一點，穿條厚點、緩衝好點的安全帶就可以應付了。繩子緩衝差直接結果就是對保護點的拉力雙倍加大，拉斷保護點的幾率急劇增加。所以選動力繩時也要挑緩衝能力好的，要注意看繩子的數據說明。

2.選擇合適的長度

繩子長度一般以米來計算，現在的 55 米和 60 米繩已經代

替了過去的 50 米，整條繩的一般是長度是 50 米，55 米，60 米，70 米幾種規格，場地戶外拓展訓練的高空項目一般用繩在 25～30 米之間即可，最好挑有中段標誌的繩子，比如兩半圖案不同或中段有顏色標記的保護繩，這樣對掌握繩子長度很有好處，會使你在操作上方便很多。

3.選擇合適的直徑

直徑一般用毫米表示。15 年之前，直徑 11 毫米的動力繩很流行。現在是 10‧5 毫米和 10 毫米的時代。甚至有些單繩的直徑是 9‧6 毫米。直徑大的繩子保險係數和耐用性會好些，戶外拓展訓練最好選用 10‧5 毫米的繩子。

4.保護繩的保養

繩子基本不用洗，如果污漬嚴重可以用清水或淡肥皂水清洗，平時還要注意要乾燥，避免長期暴曬。使用時不能被踩，最好不要讓保護繩和沙石地面接觸，在使用時收起的保護繩可以用墊子墊起來，用完要收拾整齊，保持乾淨整齊。特別強調在保護繩附近不能抽煙與用火。

5.規律的使用

一般保護繩的設計在兩端的 1 米多柔軟易於打結，其他部分重在耐磨，如果是裁成兩段的繩，最好每次都能分清中段與繩頭。如果可能，不同項目使用的繩最好專用，這樣可以按不同項目對繩的使用程度進行合理評估。

6.保護繩

從學員經保護支點至保護者之間，不能扭曲，不能互相糾纏。

7.保護繩的更新換代

在使用通過 5000 米要換繩子，包括用來上升、下降、跳躍等所有長度。假設在「巨人梯」項目中，上方保護點離繩端的距離為 8 米，到達最高點後離繩端 1 米，即使略去學員完成過程上下反覆嘗試過程，每一次攀升距離為 7 米，下降距離為 7 米，那麼一根保護繩的使用範圍應該在 350 人以內，如果課程排設緊密，一天就會有近 50 人完成「巨人梯」，那麼，作為培訓機構的安全主管，應該怎樣做就不必多說了。當然如果繩子受到較大的磨損，應該提前退役。

除此以外，記住千萬不要買任何二手裝備，不管是鎖具還是保護繩，因為你不知道上任主人的使用情況，更不要輕易的借用裝備，絕對危險。

◎鎖具

登山人員經常所說的「鐵鎖」，英文名稱叫做 Carabiner。在戶外拓展訓練中使用的鐵鎖，與登山活動中的相同。早期登山使用的鋼制鐵鎖的特點是堅固耐用，承受拉力大能達到 40～50 千牛拉力，相當於現在的 3 倍。缺點是重量大，增加攀登者的負荷，無法大量攜帶，鐵鎖逐漸被鋁合金鐵鎖所替代，鋁合金鐵鎖質輕且堅固，目前使用的鐵鎖是鈦合金材料製成，優於鋁合金的鐵鎖。在戶外拓展訓練中，場地上的高空項目由於離住地較近，所需帶的裝備不多，由於鋼制鐵鎖能承受較大的拉力，在高空項目中，上方保護點建議使用鋼制鐵鎖。

鐵鎖是戶外拓展訓練中用途最廣，而又最不可缺少和替代

的器材，活動中鐵鎖的最主要用途是連結保護繩與保護點時使用，在活動中鐵鎖可以替代許多複雜而繁瑣的繩結。安全帶，上升器，下降器等許多攀登裝備的組合和使用都要靠鐵鎖來連結。在戶外活動中，鐵鎖是最重要的安全保障，經常把鐵鎖稱爲安全扣。

在戶外拓展訓練活動中，保護繩索是通過鐵鎖連結在保護點上，任何一隻鐵鎖都必須能堅固到足以承受學員突然墜落時的衝擊拉力。但怎麼樣才算足夠堅固呢？根據國際登山聯合會(UIAA)的墜落試驗，保護繩索要能承受拉力，由於繩索在鐵鎖上制動摩擦，鐵鎖的承受負荷應是 UIAA 墜落試驗中保護繩索承受負荷的 4/3 倍。所以，鐵鎖至少要能承受 15 千牛以上的衝擊拉力。也就是說，在嚴重的墜落中要想獲得最大安全，鐵鎖最起碼要能夠承受起這樣的負荷。鋁合金鐵鎖的正常拉力一般在20～30 千牛，以保障攀登者的安全。

鐵鎖種類一般分爲 O 型鐵鎖、D 型鐵鎖、改良的 D 型鐵鎖。

在戶外拓展訓練中較少使用 O 型鐵鎖，雖然 O 型鐵鎖摩擦力小，使用範圍廣，在相對複雜的情況下方便使用，但是 O 型鐵鎖的負荷是由鐵鎖兩邊平均分擔，鎖門易受損傷，承受衝擊拉力相對較小，一般只能承受 15～18 千牛拉力。在戶外拓展訓練的活動中，O 型鐵鎖一般用於上升器，滑輪等裝備的連接上，在正常情況下不承受衝擊拉力。

D 型鐵鎖是攀登中使用較多的一種鐵鎖，形狀多爲大三角形或大 D 型，也稱爲保護鐵鎖。D 型鐵鎖比 O 型鐵鎖堅固，D 型鐵鎖幾乎全部的負荷是由鎖門對面的長邊承受，因此承受衝

擊拉力大，安全係數高。傳統的鐵鎖鎖門較小，適於長時間連接使用，戶外拓展訓練的活動中，一般都是學員輪流參加某一個高空項目，挑戰結束後就還給下一位學員，拆掛鐵鎖比較頻繁，一般選擇加以改良後鎖門開口較大的 D 型鐵鎖，便於開啓與閉上鎖門。最常見的用途就是用於保護繩和安全帶的連結，D型鐵鎖上方保護時用於保護繩和上方保護支點的連結，如果有鋼制鐵鎖最好替代 D 型鐵鎖做上方保護支點。鐵鎖有兩種基本狀態，開啓及閉合，鐵鎖閉合時所能承受的拉力是其開啓時的三倍。

使用數量很多的鐵鎖，需使用各種不同類形的鐵鎖。在選擇鐵鎖時，要根據實際需要而選擇。因不同用途，不同種類的鐵鎖承受負荷的拉力，重量，價格都不同。如：普通的登山和攀岩用的 D 型鐵鎖一般重量爲 50g 左右，而帶保險絲扣的保護鐵鎖重量約在 100g 左右，價格上差距也很大。攀登者在選用和購買鐵鎖時還應注意鐵鎖上刻有的各種標誌，如：刻有 UIAA 字樣表明是經過國際登山聯合會認證。在組織或參加戶外拓展訓練時，留意你所使用的器材是否合格是非常重要的。

◎ 制動裝置

8 字環是最普遍的保護器材。它經常用於戶外拓展訓練的高空項目，保護人員在下方保護學員的安全，通過主繩的連接，學員在上升、跳躍、通過與下降時，能夠感受到來自地面的保護，而保護中非常重要的一個器械就是制動裝置，其中最常用的就是 8 字環。其作用是增大主繩的摩擦力來確保同伴和自己

下降時的安全。

8 字環在使用中簡單易學，對於初學者，可以避免一些錯誤，但是 8 字環在使用中容易使繩擰轉。除了 8 字環之外，有時候 ATC 也可以用於保護同伴，ATC 或下降器使用前一定要先學好基本動作和操作方法，否則將可能遇到麻煩。

在沿繩下降時除了使用 8 字環、ATC，也可以使用 REVERSO，他們各有優缺點，在此不做過多贅述。在戶外拓展訓練中，我們建議最好使用 8 字環。

◎ 輔助器械

戶外拓展訓練中還會用到諸如背摔繩、眼罩等輔助器械，這些器械沒有統一的規格，有些在市場上可以買到，有些需要自己動手做。本著對學員負責的態度，這些器械要能夠讓學員感到更舒服、更安全。比如：背摔繩最好選用柔軟、防滑、結實的絨布或毛巾布縫製，有的培訓機構用安全扁帶代替，這樣不是太好。有人用塑膠繩代替背摔繩，將學員的手腕勒出血印的現象，這是極不負責任的現象，在戶外拓展訓練中應該杜絕出現。建議使用一次性眼罩，如果暫時無法做到，至少也應該在學員使用前清洗乾淨，或者給他們墊上消毒後的紙巾，避免眼疾的傳播。

器械的合理使用能夠讓戶外拓展訓練的情境更加真實化，合理的使用器械可以讓學員在安全、可靠的環境中感受戶外拓展訓練的魅力，可以使戶外拓展訓練得到更好的發展，也可以將更多的、可利用的資源引入戶外拓展訓練中來，爲戶外拓展

訓練的開展做出貢獻。

※拓展故事　重視小細節

　　一位登山家在談到一次遇險時，慶倖自己在返回的路上看到了一頂帳篷，由於帳篷紮設的非常專業，它既沒有被風吹垮也沒有被雪掩埋。

　　最慶倖的是帳篷拉上門簾，不至於有雪吹進，而且在拉鏈拉到最後時還特意留下了兩釐米的距離，正是這兩釐米的距離足以讓一個手指凍得僵硬的人，將一隻手指伸進去劃開拉鏈。如果這頂帳篷的拉鏈拉到盡頭，拉開拉鏈的難度就會增加許多，甚至在運氣不好時出現咬鎖現象，這在我們的衣服拉鏈上經常出現。

　　凡事都有一些細微的要求，在戶外活動中正是這些細微之處會使結果完全不同。

故事的哲理

細節決定成敗，有時不僅有道理，甚至可以當作真理。

第 五 章

戶外拓展訓練的安全要求

1 戶外拓展訓練安全簡介

　　1963 年，科林・鮑威爾 26 歲，剛剛從越南服役返回美國。作為一名軍官，他的下一項任務是參加為期一個月的空降突擊隊員課程。在課程快要結束時，他要和其他軍人一起從直升機上跳傘。鮑威爾是直升機上的高級軍官，負責確保整個過程運行順利。在飛行一開始，他向每位隊員大聲宣佈必須要確保他們的固定開傘索（Staticlincs）牢固，當跳傘員跳下去時，這些纜索會自動將降落傘拉開。在接近跳傘地點時，他向這群人大聲叫喊，要他們再一次檢查吊索。下面的文字描述了其後所發生的事。

接下來，就像個大驚小怪的老婦人，開始親自檢查每一根繩索，從擁塞的人群中擠出一條道來，用手沿著纜索摸下去，直到纜索與降落傘的聯接處。嚇了我一跳，一位軍士的掛鉤鬆了。我把那個蕩來蕩去的纜索拉到他面前，這個軍士嚇的目瞪口呆……這個人會在走出直升機的艙門後，像塊石頭一樣掉下去。

在壓力、困惑和疲乏的情況下是最容易發生錯誤的時候。並且，在其他人都思路遲鈍的時候，領導者必須保持雙倍的警醒。「一貫核對細節」成為我嚴格遵守的另一條規則。

對於一個活動的領導者、組織者或者是指導者，安全意識是非常重要的，為此我們要極其留意，正如鮑威爾堅持不斷重覆要求對纜索進行檢查，以至於自嘲地描述自己「像個大驚小怪的老婦人」，就這樣，當他發現潛在的危險時，他感到了巨大的壓力。可以想像，如果不能排除隱患，其結果是什麼，也許我們就不能夠看到鮑威爾的這本自傳了。

他講述的這個流程讓我們立即想到了戶外拓展訓練的許多項目，也讓我們再次想到安全對於活動本身的意義。

初次接觸戶外拓展訓練，許多人的顧慮來自於活動是否安全，即使組織方就此做了一些承諾，安全的疑慮也會伴隨著學員們直到課程結束，畢竟風險在戶外拓展訓練中是實際存在的。戶外拓展訓練中的空中單槓、垂直速降、高空斷橋、信任背摔等項目的確讓人覺得很危險，但活動本身側重的其實是心理挑戰，只要操作合理，在安全方面可以獲得充分的保障。不過從另一層意義上講，學員對安全有所考慮，對訓練的實施與

安全管理都是有益的，這在設計這類課程時應當有所考慮。

由於安全問題是戶外拓展訓練中很重要的一部分，在現有的戶外拓展訓練中，課程的設計已經降低了活動的風險。實際上在 PA 活動中，傷害事故的發生是不多的。美國 PA 組織的研究機構，曾就 PA 活動項目的安全性根據自己 15 年內的受傷數，得到這樣一份統計表。

內容	活動內容	每百萬小時 活動的受傷數
1	PA 活動	3.67
2	負重行走	192
3	帆板運動	220
4	定向賽跑	840
5	籃球	2650
6	足球	4500

從這份數據證明，從某種程度上，PA 活動比散步還安全，意外發生率很低。在這種具有風險的行業裏，由於對其安全問題的認知程度與操作的規範程度都處於較高水準，其事故率處於較低的狀態。但是我們並不能就此放鬆警惕，因為我們必須清楚的知道，一旦戶外拓展訓練出現事故，其傷害程度較大，後果較嚴重，給受傷者身心造成的不良影響更深。

在美國挑戰課程技術協會 (ACCT) 就有專門負責此類安全標準的設定和規範。從支援性結構中的樹木、圓柱、建築物，到鋼索系統的材料與品質、螺釘的連結、鋼索的淘汰期乃至安全帶、頭盔、繩索等相關器材，都有嚴格標準。

　　爲促使戶外拓展訓練的良性發展，出於規範行業、維護聲譽的需要，一些戶外戶外拓展訓練機構一直在努力促成訓練基地的安全標準制定。

2 戶外拓展訓練的設施安全

　　戶外拓展訓練在產生的過程中，曾經是以在各種地形條件惡劣，周邊環境複雜、天氣多變、處處危機的情境中訓練生存能力爲開端的，雖然在後來演變過程中風險不斷降低，但其所保留的戶外訓練特點註定了其固有的風險仍然存在。

◎戶外拓展訓練安全的首要條件是場地的選擇

　　不同的場地條件，存在的風險是不同的，一般說來野外環境下的戶外拓展訓練比人工建造的場地戶外拓展訓練更危險，由於不可控因素的增加，風險出現的幾率也會加大，因此我們必須在有經驗的拓展教師指導下進行野外戶外拓展訓練。對不熟悉的環境活動時應該更加小心，過於冒險並不是一件好事，這一點我們很容易注意到。然而，很多事故往往出現在看似安全的地方，即使環境看似不那麼危險，對自己的安全多一點關注也是一個好習慣。

　　對於人工建造的場地戶外拓展訓練項目，危險度在認知上

不如野外來得直接，所以容易麻痺大意，正是由於此原因，場地戶外拓展訓練反而成為最需注意的地方。比如：許多地方就是利用一間普通的平屋頂做「求生牆」的訓練，屋頂的四周沒有護欄，也沒有特殊的保護設施，學員在沒有護牆的屋頂救人，實際上是很危險的。曾經和組織方進行過交流，他們認為：「牆很低，即使跳下來也沒有問題。」不能因為牆面的高度降低就認為危險降低，事實上放鬆警惕，出現危險的潛在因素反而增加。

場地在使用上的細節也是我們降低風險，減少事故的重要因素。比如：高空項目在雷雨天氣中禁止使用，如果學員在高空應立即下來，並且遠離練習器械，閃電的力量有時會讓我們受傷甚至喪命。在多雨的地區進行戶外拓展訓練，如果別無選擇，必須完成一些項目，雨後造成的濕滑也要多加防範，比如在「高空斷橋」項目中，雨後斷橋的木板容易打滑，這時在需要跳過去的一端，鋪上一條大毛巾就可以解決問題。

不同季節、不同氣候下的不同場地，選擇使用時要多留意經常出現的「有驚無險」的場面，也許這些驚險只是我們的運氣比較好，並沒有造成任何事故，可誰又能保證運氣能一直眷顧我們呢？這些「有驚無險」的場面正是我們好好分析，找出原因所在，化解危急、避免事故的發生的最佳時機。

◎戶外拓展訓練中的器械安全

戶外拓展訓練中大量使用各種保護器械與輔助器械，他們的使用主要是保護學員安全、增強課程真實性、更好的完成模

擬情境訓練。器械的選擇與使用對戶外拓展訓練起著至關重要
的作用，尤其是安全保護器械的選擇與使用，對學員的身心安
全有不可替代的作用。

　　器械的購買必須要認定產品的產地、規格、認證等，按照
安全要求使用是確保器械使用壽命的基本保障，合理的保養維
護是降低器械損耗、確保安全的重要部分。

　　保護器械主要有保護繩、安全帶、鎖具、下降器、頭盔等，
這些器械都有嚴格的淘汰要求，一定要遵章執行。

　1.使用繩索時應注意的事項

　　在戶外拓展訓練中所使用的保護繩索，是保護學員安全與
拓展教師正常操作的重要工具。戶外拓展訓練中使用保護繩索
需注意以下幾個方面：

　　(1)使用前仔細檢查繩索有無傷痕，或是否發生扭結情形，
用手感受繩子是否有起鼓或粗細不勻的地方，出現這些情況的
繩子都可能在使用時斷裂。

　　(2)避免弄髒繩索是保護繩索使用壽命的重要保障，髒汙是
導致繩索劣化的主要原因，也會使其強度變差。在戶外拓展訓
練中，不要將繩子直接置於地面，尤其是較多沙礫的地方，下
方保護時主繩尾端最好放在墊子上。注意不要讓油漬等附著到
繩子上。此外，如果不小心弄髒了繩索，使用後一定要將沾在
繩子下的髒汙處理掉。

　　(3)時刻提醒學員不踩踏在繩索上，繩索常因被踩踏而產生
傷痕或劣化，此外，若是有小石子等跑進繩子內部，那麼在負
重時也可能會有斷裂的危險。對於拓展教師，有時會只看上方

的學員,不知不覺間將繩踩在腳下。移動時要觀察腳下的保護繩,養成習慣一定不要踩在繩上。

⑷一定不能在繩索附近抽煙或用明火,即使只是火星濺到繩索上,受傷的保護繩對我們的安全保障已經蕩然無存。

⑸最好不弄濕繩索,即使是防水加工的繩索,也要儘量避免在容易將繩子弄濕的狀況下使用,因為吸了水的繩子不但重,而且易滑,非常難以使用。

⑹有些地方經常會將某些器械用保護繩連接,長期固定在器械架上,比如「空中單杠」項目的單杠,如果用保護連接掛在上面,一定要經常更換,並且要在使用後拆卸下來。

⑺避免向別人借曾經使用過的繩子,或是將自己的繩子借給別人。沒有比不知道曾被使用在什麼狀況下的繩子更危險的事情了。因為如果在不知情的狀況下使用了像是曾經承受過突來重量的繩索,那麼繩索便有斷裂的可能性。

⑻應將有擦傷、割傷或者摩損的繩子立刻換成新的以外,兩年以上被過度使用的繩索也須替換,它即使沒有明顯的傷痕,也已相當老舊。即使很少使用的保護繩,四年也應該將其淘汰。

還有,產生扭結的繩索也有可能會因重量的衝擊而斷掉,須多加留意,所謂的扭結是指繩子上產生的扭曲情形。繩子若出現扭結,需要在使用前拉住繩子的一端將扭結處恢復,而使用後的整理,最好也採用較不易產生扭結的捆綁法。

2.使用主鎖時應注意的事項

鐵鎖在使用前必須要仔細檢查是否有龜裂或裂痕,開口的

開啓、閉合要平順沒有阻礙，在承受一個人的重量時，開口能夠打開。假如鐵鎖在使用一段時間之後，開口易粘住打不開，可能是開口或鎖口有損傷的刻邊，也可能是汙物積在樞紐或彈簧處。損傷的刻邊可用銼刀小心磨掉，開口生銹，樞紐或彈簧處的汙物，可用煤油、溶劑或汽油等滴在樞紐彈簧的孔內，並開閉開口直到平順爲止，然後把鐵鎖放在沸水內煮，除去清潔油劑。如果打不開是由於開口彎曲造成，這把鐵鎖就無法再使用了。

　　鐵鎖的使用非常簡單，扣入支點再扣入保護繩即可。但在使用時，爲增強安全性，有幾個方面需加以注意：

常見高空項目的使用範例

項目	使用方法	正確使用理由	錯誤使用後果
項目空中斷橋	使用方法鎖口向下，鎖門向外	正確使用理由鎖門前方無實物，不會鬆動保險絲口。	錯誤使用後果鎖門向內，學員在跚躇不前時，會左右來回擺動面前保護繩，有時會將保險絲扣磨開，在活動中如果保護繩將鎖門撐開，後果危險。
巨人梯	鎖口向下，鎖門向內	平時與身體平行。收緊保護繩時，摩擦主要來自木柱，不會鬆動保險絲口。	鎖門向外遇硬物對鎖的損傷較大。一旦絲扣鬆開失去作用，受擠壓後保護繩從中脫落出來的可能性會加大。後果危險。
高空單杠	鎖口向下，兩把鎖鎖門方向相反	沖墜較強的項目必須使用兩把主鎖，分別與兩根保護繩單獨連接，鎖門方向相反。	單鎖危險加大，兩把主鎖鎖門同向互相摩擦與絞鎖的可能性加大。而且對絲扣的衝擊力加大，降低主鎖使用壽命。

(1)由於鋁合金與鈦合金鐵鎖的特殊材質，鐵鎖如果從 1 米多的高空平落在堅硬的地面或快速撞擊在硬物上，鐵鎖就暫停或放棄使用，以防鐵鎖內有裂痕，在受到強大拉力時斷裂。

(2)戶外拓展訓練與攀登不同，在穿半身式安全帶時鐵鎖除了和自身摩擦，一般不會與外物摩擦，因此多數鎖門開口應朝向外側，防止多次摩擦後絲扣會打開。

2002 年的一次培訓課上，一位學員在「高空斷橋」上，心裏總認爲眼前的保護繩礙事，不停的將在自己身前的安全保護繩左右挪動，30 多分鐘後學員跨越斷橋，拓展教師驚奇的發現，保障絲扣「沒擰上」，可以按下鎖門就能開啓。這是怎麼回事？拓展教師清楚的記得的確擰好了保障絲扣，學員也說自己沒有擰開保障絲扣。後來拓展教師們課後集體分析，正是由於鎖門靠近學員身體內側，由於保障絲扣被學員左右挪動時的摩擦，竟然失去了保障作用。

(3)高空跳躍項目中，由於衝擊拉力較大，學員身上的保護點與保護繩間必須用兩把鐵鎖，鎖門方向相反，各連接一條保護繩。

(4)連結支點和保護繩索，不能連結三個以上的鐵鎖一起使用，因爲這樣的連結會使鐵鎖糾纏並且扭開。

在高空需要換鎖時一定要先掛上鎖再摘下另一把鎖，不論是否站在高臺或參訓者抱住固定物，任何時候不可以出現保護點完全摘除的現象。

◎戶外拓展訓練的輔助器械安全

此外還會使用一些輔助器械，用以保護學員的安全，包括求生牆下的海麵包、電網一側的薄墊、防滑手套、護腿板等，都要注意合理的使用。

在進行活動時，為了更加真實的重現項目情境，總是需要一些輔助道具，道具使用的越多，難度就會越大，對於參與活動的人來說，難度加大就會轉移投入在安全上的注意力。因此，仔細說明道具的使用方法與要求、不斷提醒注意事項，是道具使用時所必須注意的。比如：在模擬盲人的項目中，由於使用了眼罩，就加大了磕磕碰碰的機率，這時我們就必須要求，不得隨意遠離隊伍；當聽到拓展教師的「停止」提示時請不要繼續前進；不要蹲在場地上以防絆傷他人；前進時不要將手背在身後，防止正面「撞傷」，可以將手放在胸前保護自己等。還有當我們用繩結網時，如何打繩結避免滑動，確保繩網用於攀爬或抬運學員時的安全，都必須提前細緻講解。

有安全保障的場地與器械能夠讓委託方安心於活動的交付，讓組織者順暢實施訓練活動，讓參與者全身心的投入學習訓練之中。場地與器械的安全是戶外拓展訓練的基本保障，由於同一場地有時會有不同的教師與學員使用，所以任何的不安全隱患都應該及時通報，確保隨後使用的人員心中有數。不論我們使用何種場地，在未得到安全保障之前不得冒險使用，以此確保活動者的身心安全。

3 戶外拓展訓練的安全管理

◎戶外拓展訓練的安全保障

「科學系統的課程設計、隨時隨地的安全意識、國際認證的器材裝備、嚴格規範的操作方法、豐富實用的教學經驗、靈活有效的安全預案」是戶外拓展訓練獲得安全的保障。只要能夠認真的對待，正視我們的項目特點，承認項目的風險性，在教學中消除物的不安全狀態、杜絕人的不安全行為、控制不安全環境因素，我們就能夠獲得更大的安全保障。

◎戶外拓展訓練的安全要求

1.戶外拓展訓練的安全指導方針

安全對戶外拓展訓練不僅意味著完善的體系，嚴密的制度，它更是思想意識的一部分，將融入到參加戶外拓展訓練者的日常生活習慣中。安全與不安全之間沒有過渡，只要踏出100%的安全一步，就進入 100%的不安全。富於經驗的教師嚴格地依照安全程序指導、監控活動的全過程，才能確保在戶外拓展訓練中實施「100%的安全保障」這一安全指導方針。

2.戶外拓展訓練的安全原則

戶外拓展訓練因其選擇的場地、器械的特殊性，活動內容

的未知性以及特有的心理挑戰等，決定了戶外拓展訓練具有一定的風險性，如何獲得最大的安全保障，如何讓參訓學員在身體、心理上獲得安全保障，是戶外拓展訓練課程更好地發展甚至進入學校教學課程中至關重要的一環。

爲了消除隱患，降低風險，以下戶外拓展訓練的安全原則需要遵守：

(1)**雙重保護原則**

課程設計時所有需要安全保護的訓練項目，都必須進行雙重保護演練，其中任意一種保護方法均足以保證在實施過程中學生的安全。

例如：在做信任背摔時，如何做到更安全，在每一個環節上都要有雙重保護。當學生爬上背摔台後，拓展教師一定要將他引帶到保護架內，直到他背靠保護架站穩，綁上背摔繩後，拓展教師應將學員慢慢引到台邊站穩，後倒時教師確認方向正確才鬆背摔繩，倒下後首先是隊友雙臂接住，即使體重很大，也會落在隊友的弓步之上，絕對不會落在地上，因此接人的隊員必須弓步站立。

(2)**器械備份原則**

任何需要器械保護之處，都必須安置備份器械。

例如：跳躍衝擊性項目，必須有兩套獨立的繩索與主鎖保護。空中單杠在進行保護時，需要在單杠的前後方各打一個保護點，兩條獨立的保護繩各自連接一個主鎖，主鎖鎖門異側掛在連接點上，確保其中的任何一個都能起到保護的作用。

(3)多次覆查原則

所有的安全保護器械合理使用，完成後必須再覆查一遍，操作中部分保護要多次檢查，消除操作失誤的可能性。

例如：我們做高空斷橋時，在學生上去前，首先自己檢查，然後隊長與隊友進行檢查一遍，當上到斷橋之上，拓展教師再次進行檢查安全帶是否穿戴正確，安全頭盔是否扣好等。

(4)全程監護原則

拓展教師對項目進行中可能遇到的安全問題進行全程監護，將任何隱患消除在萌芽中。

例如：我們做求生牆時，拓展教師與安全監護人員要一刻不停地監護整個過程，不合理動作一出現就要及時叫停，隨時提醒，不僅要關注上爬的人員，也要關注牆上的人員，整個過程要盡收眼底，心中有數。

除此之外，還有一些原則性要求是必須做到的，比如在高空換鎖必須遵循「先掛後摘原則」，項目進行中「互相保護原則」等。

只有在活動過程中，認真講解、規範操作，將安全問題很好的落到實處，才能享受戶外拓展訓練帶給我們的快樂與收穫。

※拓展故事　角色

　　對於戶外拓展訓練這種體驗式學習，活動的設計有時會讓學員扮演不同的角色，比如：「孤島求生」中的三種角色，或者晚上一起玩的「天黑請閉眼」等，尤其是長課程中角色認定，最簡單的就是「隊長」等角色的認定。在素質拓展課中，進行過簡單的交流，尤其是在談及「斯坦福監獄實驗」和「米爾葛蘭實驗」後，大家有些想法還是不謀而合，戶外拓展訓練的活動設計需要注意角色安排，需要向學員認真的解釋與引導，不能僅僅用體驗「換位思考」來簡單解釋，因為生活和活動的情境畢竟不會完全相同。

　　斯坦福大學社會心理學家吉姆巴都(Zimbardo)在 1971 年做了一項實驗，研究被囚禁的社會心理學，讓 21 位本科生志願者，經過性格測試評定認為他們情緒穩定、成熟和守法，根據扔幣法，體驗監獄生活，11 人當看守，10 人當犯人，共進行兩周實驗。

　　作為一位教育工作者，我認為：此類活動需要慎重考慮後果，或者必須仔細研究監控過程，不要設計特殊情境下的「逼迫式」要求，即使他們「欣然」接受，或者能夠完成任務，也不存在可取價值。

故事的哲理

行爲是由社會角色決定的，大多數人在生活中的角色和活動中不同。

雖然每個人扮演許多角色，主導性角色往往取決於情境，而且，當一個人在群體中的角色變化時，他／她的行爲也會變化。

不論做什麼，記住它的底線是道德。

第 六 章

戶外拓展訓練的行為要求與管理

　　戶外拓展訓練因其所固有的起源與發展歷程，在幾十年的演變中，對於學員的要求經常會借鑒軍隊的管理風格，這對於參加活動的學員看似「嚴厲」，但又很受歡迎，因為許多時候他們更願意接受這種能夠改變習慣的做法。因此，在行為要求與管理上常有人稱其「半軍事化」，這也是戶外拓展訓練的魅力所在之一斑。

　　整齊的隊形，嘹亮的歌聲，飄揚的旗幟，我們是一支不可戰勝的隊伍；必勝的信心，堅韌的毅力，成功的期待，我們有勇往直前的信念；求生的場景，戰鬥的號角，營救的行動，我們懂得團結就是力量⋯⋯這一切無不展示著我們的獨特行動，這就是戶外拓展訓練所展示的魅力，而這之後的各種行為要求，是確保能夠很好的貫徹戶外拓展訓練所蘊含的理念，完成戶外拓展訓練的系統課程設置，將戶外拓展訓練的精神傳播開

來的重要一環。

1 瞭解戶外拓展訓練的前期準備工作

1.戶外拓展訓練是體驗式教育，一個包含苦累與樂趣的學習過程

(1)參加戶外拓展訓練不是野遊或去做遊戲。

(2)參加戶外拓展訓練不是一種特殊的體育鍛鍊。參加戶外拓展訓練不是純粹的類似西點軍校的「野獸訓練營」。

(3)參加戶外拓展訓練不是去看看熱鬧回來多點談資與笑料。

(4)參加戶外拓展訓練高風險項目是訓練的一部分，但恐懼並不是戶外拓展訓練的全部。

2.參加戶外拓展訓練前需要將自己真實的狀況與要求和組織方溝通

(1)戶外拓展訓練出發前需要準確的填報自己的姓名、民族、身份證號、既往病史，有無傷病等。

(2)個人生活習慣的特殊要求。

(3)檢查自己是否有意外傷害與醫療保險。

3.準備合適的日常用品

(1)是否帶齊了適季的衣服，冬天注意野外氣溫相對較低，

應帶件較厚較保暖的衣服。

　(2)夏天需帶游泳用具，防曬霜、太陽鏡、帽子與自己常備的部分物品。

　(3)可以帶些簡單的零用食品。

　(4)所需常規藥品的準備與用法。

2 紀律要求與獎懲

　紀律是戶外拓展訓練活動中所必須的，尤其在團隊訓練的項目中，紀律已經不僅僅是完成任務的基本保障，他更是我們團隊精神的最直接體現。

　按時作息，這是保證正常參加戶外拓展訓練的先決條件。

　戶外拓展訓練中各隊隊長有義務與責任保證在集體活動時每一位學員及時準確的來到集合地點。

　如果有人掉隊，必需全體等待，除非達成默契，有專人管理他們。

　如無特殊情況出現遲到、早退等情況，需在其歸隊後，全隊接受「懲罰」。

3 生活安全與環境保護的行為要求與管理

　　安全要求是戶外拓展訓練的重點工作，有時安全問題往往是由於生活中的習慣引起的，因此，在參加戶外拓展訓練期間，對其會有嚴格的要求。

　1.參訓期間不得飲酒

　　因為戶外拓展訓練會有部分高空或有一定風險性的項目，項目本身就能夠讓人激動、恐懼、心跳加快以及小的眩暈等，如果飲酒將會增加以上表現，可能會增加心、腦血管壓力，甚至會影響判斷力、反應力以及分析能力和抵禦風險的能力，這些都有可能造成危險情況的出現。

　2.項目活動期間嚴禁吸煙與用火

　　所有用於保護我們的保護繩與安全帶都是極易燃的材料製成，也許當時只是在火星下受點「輕傷」，但是，這將給以後的學員埋下隱患。正是每一次嚴格的要求，才保證我們現在使用的器械是安全的。因此，這是拓展活動中極其嚴格的一項要求。

　3.活動期間，由於難得一聚，難免會有一些小的活動

　　但是，遠離營地是不允許的。賭博行為在拓展活動期間是被禁止的「娛樂活動」。

4 訓練期間的行為要求與管理

　　訓練過程中，在拓展教師的講解、示範、要求與保護下，能夠讓每一個人得到更好的安全保障，但是如果不能接受或不能很好的貫徹要求，可能會出現一些不良結果。

　　在完成項目期間儘量避免不合時宜的玩笑、打鬧，有時這將是出現危險的訊號。拓展教師會在這些方面做嚴格的要求，把自己當作一名「軍人」，學會點服從就是了。

　　所有器械與高空器具未經指導不得擅自使用。

　　在項目進行中，拓展教師一旦要求某種行為或動作不可以繼續時需即刻停止。

　　活動期間注意環境保護，不要損壞場內的一草一木，不亂扔垃圾。我們帶走的是照片與快樂，留下的是笑聲與腳印。

5 交　　　通

　　前往訓練基地時往往需要一段乘車時間，此段時間也是需要納入我們的行爲要求與管理範疇之內，建議最好採用集體出發，出發前對交通工具進行常規的檢查。如果多輛車前往，一定要保證車隊的連續性，減速慢行。最好不要讓學員單獨前往培訓基地。

6 活動結束後的行為要求與管理

　　戶外拓展訓練是在充滿激情，充分展現自我與努力融入團隊的狀態下去完成項目挑戰。每一個人在不同項目的認知與完成能力上有很大的差距，我們在訓練時本著求同存異的心態認同他人，本著助人即助己的精神幫助隊友，即便如此，我們仍然會遇到一些意想不到的情況。

　　有人在高空項目中很快完成，而有人卻會膽怯或「誇下海口」之後許久不能成功，也許在顫抖中前進，也許會哭著央求

放棄,這些一定會給大家留下極深刻的印象。可是如果當我們回到學習、工作與生活中時,也許會提及此事,如果把它當談資、當笑柄,那就違背了戶外拓展訓練的初衷,至少是對自己同伴們的不負責任。

有些項目對於我們來說,結果是未知的,在完成挑戰時,也許會有截然不同的意見與觀點出現,這正是我們獲得良好決策的基礎,可不要把它當作是一種「作對」,那這樣可是沒有理解戶外拓展訓練的精神。

對於不同的參訓團體,也許會有自己各自的行為要求與管理,只要我們能夠更好的完成戶外拓展訓練課程,為我們將體驗式學習所帶給我們的收穫運用到生活中去,那麼我們所做的努力都是值得的。

※拓展故事 無題

在戶外拓展訓練的團隊精神培養中,很多拓展教師喜歡對違規成員施以「一人違規全隊處罰」的方式,這是一個不錯的方法,他對於維護團隊紀律有一定幫助,然而對於遲到者並沒有起到真正的教育目的,甚至當有人希望他不要再出現類似問題時,他還會反駁自己也受罰了。

後來我在帶隊時遇到學員遲到的情況時採用「一人違規,隊友受罰而自己不受罰」的方式,因為作為團隊裏的一員,所犯的錯誤和其他人沒有幫助有直接關係。每次出現這種情況

後，違規的學員都會積極的想辦法彌補，甚至希望拓展教師幫助想辦法,這時候建議他/她負責集合時叫人或安排些力所能及的「工作」，會幹得格外認真。

這個方法轉借自一次感悟。

在 2002 年，美國 NBA 的一支勁旅「達拉斯小牛隊」的教練，講到「籃球文化」與「籃球運動」的區別時，其中就隊員心理素質訓練問題時，舉了一個「罰籃」環節訓練時例子，按照體驗式教育的訓練方式，類比情景：「在總決賽的最後 0．1 秒，我隊只落後 1 分，對方犯規我們獲得了 2 次罰籃機會，此時如果兩罰全進獲得總冠軍，實現夢想，兩罰一中還可以繼續在加時賽中一搏，如果兩罰不中，將錯過難得的機會，令所有隊員遺憾終身。」

隨後他說：「假如你們是當時的隊員，誰可以試一試？」

有幾個隊員表示願意嘗試。

然後他又說：「好的，有一個要求，就是如果兩罰全進，現在大家各得一份獎品，如果兩罰一中在場的全體人員各做 20 個俯臥撐，如果一個都沒罰中，在場的各位必須一起罰跑 10 公里。」

這時還有兩三個隊員願意嘗試。

後來他接著說：「其他要求不變，如果在罰球不中的情況下，在場的所有人受罰，而罰球的人本人不受罰，即使他願意受罰也不允許接受處罰。」起初我們以為他講錯了或翻譯錯誤，在確認後很多人開始覺得很好笑並交頭接耳討論起來，教練觀察了大家一陣，然後嚴肅的說：「按照剛才的要求，誰願意？如

果發不中，他們受罰，你只能看著，至於以後他們怎麼認為你或怎麼處罰你，那是你們私下的事，我不參與。」

這三個當初還願意罰籃的人最後只剩下一個，而且當時的緊張程度比他平時在球場上緊張了許多，第一個球並沒有罰中，罰第二個球時手都發抖，還好球罰進了，大家做俯臥撐時，他堅持也要做，但按約定沒讓他做，於是他不停地說抱歉。

後來讓他講講自己的感受，他說：「罰球時的確很緊張，比平時要求自己練習不能完成只是處罰自己緊張多了，大家一起受罰也還可以接受，但自己不能夠接受處罰心裏的確過意不去，而且真的不知如何是好，也不知道怎樣彌補大家因為自己的失誤而受罰，看到大家做俯臥撐時自己真的無所適從。」

這種訓練真實地感受到關鍵比賽的壓力，平時的訓練可以有助於到真實的情況下保持平常心，那時就不至於感到意外或手足無措。

故事的哲理

每一個人都希望得到別人的認可，尤其是自己感到給別人帶來「麻煩」之後，更是希望自己能夠有機會回報；當我們肩負更多的責任時，有時自己已經不僅僅代表自己，為他人負責也是不小的壓力；巧妙的利用一些心理訓練方式，對我們會有一些幫助。

第 七 章

戶外拓展訓練的教師

在戶外拓展訓練面前，沒有人是真正意義上的老師，因為沒有人能夠真正地教別人什麼，而學來的「東西」也是各有差別。

在不同時間與不同地點所發生的一切給了學習者各自感悟的機會，於是戶外拓展訓練的活動本身就是最好的老師。「從做中學」淡化了老師的作用，老師從站在講臺上教知識轉變為走到了同學們當中，看著他們摸索，甚至在活動結束後找個學員的位置坐下來，自然而然地當一會兒學員和他們一起分享。

1 拓展教師的角色

　　拓展教師在淡化了「教」的職能之下反倒多了更多重的身份特徵，也成了一個要演不同角色的小演員與眾多演員同台演出，雖然兼做了導演的職務，閒暇下來的時間也要做點小雜活。有些時候大大小小的事都可以獨攬一番，讓自己成爲一個多面手。

　　與傳統的教學相比較，戶外拓展訓練中老師從講授者轉變爲引導者，有時僅僅可能是活動的推動者，它淡化了教的角色，使活動的主體成爲學員本身，給他們更多的體驗空間。

2 拓展教師的心態

　　戶外拓展訓練項目結果的不確定性與項目開始時的懸念一樣，不僅讓學員們感到新奇與刺激，也讓拓展教師在其中獲得不同的感受。在年復一年的教學中，每一次教與學在拓展項目前都不會完全被複製，即便在看似相似的學員中不同班級與小組也是各具特色，不盡相同。

　　優秀的拓展教師，在學員與項目面前，應該能夠及時遺忘與回歸，不要指望活動項目都沿著自己心中的方向發展，更不要輕易地期望現有學員會在活動中「翻版」上一次你滿意的那批學員。在拓展教師面前，我們每一次活動，就像和學員們在海灘上雕塑沙堡，在海水漲潮前，完成一件又一件作品，不論它是歐式風格，東方特色還是沙丘一堆，活動結束後，它們都會被海浪所沖刷，不留下一點痕跡。下一次新的學員開始時，又會重新開始他們的創作。他們同樣從中體驗、感悟與學習，在成與敗中得到成長，在模擬的活動中積累經驗，領悟成功之道，避免失敗的彎路。

　　拓展教師應該是每一個拓展項目的最早體驗者，要勇於、樂於體驗各項活動，只有自己體驗之後，才可以從中感悟到其中的要領，如果有可能，在不同情境與條件下重覆體驗同一個

項目，同樣能得到不同感受，這些感受的積累，對於我們成爲合格的拓展教師有極大幫助。

3 拓展教師的能力

在拓展課上，教師會在固有的知識範圍外突發靈感。這對於拓寬我們的專業能力有一定裨益。這種「靈感」是許多被學員接受與喜愛的拓展教師所共有，學員們能夠觀察出這些特徵並模仿它們，下意識地吸收它們或簡單地尊敬他們。這些靈感的源泉是一個優秀拓展教師所應具備的多種能力的集中。這些能力主要包括：

1.充足的知識

什麼樣的知識才算得上充足，這要依賴於戶外拓展訓練項目本身的特點，我們可以不需要任何學科的精深知識來促進戶外拓展訓練活動的進行，也可以僅僅知道某學科的丁點知識來引導學員討論，但是要將整個活動的流程全面的完成。豐富的知識就是非常必要的事情，尤其到了「總結提升」環節，準確而又豐富的知識就是拓展教師的「修煉」成果所在，這種「修煉」需要下一番功夫實現。

2.豐富的閱歷

拓展教師的閱歷是將理論與生活聯繫的一座橋，每一個人

的生活,不可能歷盡滄桑。但是,如果我們用心去感悟生活,將生活的點滴與戶外拓展訓練聯繫,就可以有新的發現。同樣,身邊人的生活閱歷或名人傳記也可以讓我們在戶外拓展訓練課上與學員分享。

3.思路清晰

清晰的思路對於拓展教師順利地指導活動是有價值的路徑,學員們的沉思與頻頻點頭的認同,在活動後津津樂道回味課上你所講的那些話,正是對你清晰思路的認可,可以想像一個總是「跑題」或「越講越聽不明白」的指導教師會讓學員們的兩眼怎樣地望著他。

4.心領神會

這是拓展教師接受從學員那裏傳遞出來的各種資訊並能提前或同步做出判斷的一種能力,這種判斷最好是與資訊源的初衷相同或在同一發展方向之上,這有助於拓展教師在指導學員活動時能夠對活動的發展有一定的預見性,此外,學員在表達自己觀點時,有時可能言不達意或含糊不清,其他同學可能無法明白,但拓展教師往往能夠心領神會,畢竟他們的話題是你熟悉的領域,意譯、總結與補充就顯得尤為重要了。

5.善於捕獲資訊

為了獲得有用資訊,彌補學科知識的缺陷,我們需要擁有圖書管理員與記者的能力,當然設計好問題以引出尋找的資訊是「蘇哥拉底」獲得資訊常用的方法,如果資訊不在你的頭腦與所擁有的材料中,那麼優質的資訊源應該是圖書館、專業人士、行業協會、網站、大學課堂或者講座。當然朋友或同學的

談話以及專題電視片中也能提供有價值的資訊。作爲拓展教師，學員回顧時會提供大量的資訊，記錄下來考證後可以留用。

6.幽默

幽默具有惠己悅人的神奇功效，它有一種飽含智慧和情趣的能力，令人解頤、暢懷、回味和神往。一個具有幽默傾向的拓展教師，能夠贏得他人的好感，獲得學員的支持。幽默同樣可以毫無留情的批判，並能夠在他人易於接受的情況下得到深刻的哲理與啓迪。對於拓展教師來說，幽默是一個人品質、能力、智慧的象徵，在課上的使用應當深沉，高雅而不流於滑稽，溫和、含蓄而不流於粗俗，穩健、自然而不流於造作。在戶外拓展訓練課上運用幽默的原則是基於愛而不是傷害。

7.耐心與忍耐力

每一個拓展教師都會遇到學員在困難面前做出放棄的情況，而這種困難在你看來只需稍加努力就可以輕易地度過，如果你的鼓勵與幫助沒有起到立竿見影的效果，就到了考驗你耐心的時候啦,同樣的情況不斷發生對你的忍受力也是一個考驗。

8.其他能力

巧妙表達能夠獲得更多的認同，張馳有度是一種被學員欣賞與敬佩的藝術，化繁爲簡與放開能力是對問題展開程度的把握力，就像汽車的刹車與油門一樣重要。當然，要想做好戶外拓展訓練的教學工作，信心、責任心、直覺同樣是不可或缺的。

4 拓展教師的常備物品

　　戶外拓展訓練大多利用景區與郊野周邊的環境進行訓練，很少有機會到高山瀚海間，相比較而言，常備物品就少了許多，但是拓展教師除了教程內容中所需的器械和文件資料外，有幾件物品是需要每節課都隨身攜帶，隨時使用或備用。

　　1.簡易藥箱與藥品

　　無論這節戶外拓展訓練課的課堂移到那裏，藥箱與藥品要隨時攜帶放在一個自己可以應急使用時方便找到的地方，但建議不要輕易的把藥箱擺放在太過顯眼的地方，在學員們參加有一定風險的項目時，藥箱上醒目的紅十字可能會增大部分學員的心理壓力，正如許多小朋友看到穿白大褂的醫生會以為要給自己打針，於是就害怕起來甚至大哭一場一樣。

　　常備藥品，主要是用於輕微外傷的處理，記住，當學員身體出現異常，在不瞭解學員身體狀況的情況下，不要輕易地提供口服藥品，最好的方法還是儘快送到最近的醫院或向醫生求救，如果是出血性損傷，在需要應急包紮處理時最好帶上醫用手套，不要讓自己或學員輕易沾上血液，尤其是手上有傷口時更需要注意。

2.棒球帽或穿越帽

很多時候拓展教師會在烈日下暴曬一兩個小時，烈日對腦部的傷害絕對不可小視。帽簷對於保護我們的眼睛不言自明，合理利用帽簷找到一個合適的角度，對於保護高空中的學員也是不錯的選擇。帽子最好是戶外專用的，太劣質的帽子會讓我們燥熱難耐。

3.水壺

實用美觀的戶外運動水壺不僅讓你顯得更加專業，而且可以確保自己的水分供應。及時、多次、適量的補充水分，在戶外拓展訓練中是必須的，尤其在炎熱的天氣中，失水太多對身體的害處不僅僅是聲音嘶啞那麼簡單，有時會對身體造成更大的傷害。

4.深色太陽鏡或墨鏡

太陽鏡的作用除了保護眼睛外，在適當的時候，它可以很好的「保護」拓展教師內心深處的一些東西，尤其在一些突破定式思維或需要隨時調整方案的拓展項目中，總會有一些學員向老師提出一些尋求答案的問題，而我們更希望這些答案出自他們的探索與討論中，那麼戴上墨鏡，拓展教師就不必有意的迴避目光或「洩露機密」。

許多拓展教師都養成了喜歡戴墨鏡的習慣，而且戴上就不願摘下，這樣做雖然保護了眼睛，但在有時也隔斷了與學員的適時交流。大多數情況下，拓展教師不需要刻意戴著墨鏡，尤其在學員挑戰活動結束後，與學員們圍坐在一起時，再戴著墨鏡就不符合操作規範了。

5.其他物品

一個不大的腰包可以裝些必備的小物品，比如防曬霜、小刀等。另外拓展教師應該有一隻哨子，在特定的時候，他可以幫助你召喚學員，避免自己的嗓子嘶啞。一款時尚的運動腕表或碼錶也是我們必備的物品。有些拓展教師喜歡帶上指甲刀，學員過長的指甲的確不利於抓握類的動作，不注意折斷或撕裂指甲是常有的事，甚至還會招傷自己，但切記，如果受傷出血後不可隨意使用，必須按照衛生要求認真處理，防止傳染疾病的交叉感染。

如果你對自己的記憶能力沒有估計過高的話，隨身帶上記事本與筆是必要的，有時候在學員發言中，你可以獲得很重要的資訊，大致記錄下來可以豐富自己，考證之後也可以使用。

5 拓展教師的課前準備工作

拓展教師在上課前的第一項工作是：獲取並且熟悉學員名單，這是第一課前要做的工作。如果是在學校裏，戶外拓展訓練的學員人數相對是比較固定的，一般都是 24 人～30 人左右。當我們拿到學員名單後，首先確認人數是否齊全，然後查看學員姓名中是否有不認識或不能確定讀音的字，這個細節對於拓展教師是非常重要的。其次，盡力記住這些名字，如果名單上還有一些諸如年級、院系等學員資料可以略微留意一下，當然對於培訓活動也需要做這些事情。

拓展教師在上課前的第二項工作是：在每一節課前檢查必備器械與道具，這節課的內容是大綱已經確定的。那麼這節課所需的器械與教具都是什麼，可以根據項目「後勤裝備手冊」核查。按照器械的使用與安全檢查原則，確保上課時不會因為器械與道具的準備不足而影響進程。

對於場地與周邊環境的檢查也是課前的必須工作。

提前關注天氣預報，評估上課時的天氣同樣是必不可少的課前工作。

在「分享回顧」環節，指導老師如果能夠提前準備一些「大圖片」或者列印一些圖表或圖示能夠使一些問題顯得更加直觀

或者更有說服力。

　　如果想上好一節成功的戶外拓展訓練課，課堂氣氛往往來自於課前準備。受人歡迎的氣氛與教程內容同等重要。優秀的指導教師會在課前提前來到上課的地點。除了做些必備的課程佈置外，他(她)會留一些時間與早到的學員做一些看似「閒聊」的交流。比如：「在上課前彼此還很陌生時，指導教師在與學員閒聊中問問學員的姓名等基本情況。並將其默記在心中。在上課時如需互動指導教師可以正確的叫出學員的名字，會使課堂氣氛顯得更親近些，至少在破冰課上這對於打破僵局會更加容易。」

　　在戶外拓展訓練課上，如果一些課程內容需要對某些學員的行為或活動結果進行評比，並且對某些學員進行表揚或獎勵。教師用口頭表彰無可厚非，但偶爾準備一些小的禮品或小獎品，對於這種體驗式的學習，能夠更加真實地再現活動的結果帶給學員們的快樂。

6 拓展教師的歷煉

1.學習階段

　　如果你有意成爲一名拓展教師，並且被業界富有經驗的專家認可，接下來就需要認真的體驗與學習。

　　(1)成爲拓展教師的第一步就是親身體驗每一個戶外拓展訓練的項目，將自己的感受真實地記錄下來，並與大家一同分享各自的感受，在這個時候你的表現也許能真實地展現你的性格、智慧、體能等，給自己一個綜合評價，對以後的成長會有幫助。

　　(2)項目體驗之後，就可以做一名觀察員，仔細觀看其他拓展教師操作流程，要想做到心中有數，這段時間並不能省略，觀察後將心得記錄下來，有不明白的地方及時向「老師」請教。這段時間裏有一個有趣的現象，就是「定力不夠」。當學員遇到困難時你總想幫助，學員思維定式無法突破時你總想點破，分享回顧中，學員不能切入正題時你總想「提醒」他們。但是，此時的你最好還是忍著，忍不住也得忍，否則有可能打亂上課教師的計畫。

　　(3)現在到你出手的時間了，你可以幫助佈置課程，可以做些檢查工作或參與保護，可以對學員練習做些簡單的指導與答

疑。這段時間是將你的熱情轉化爲能量的特殊階段，也是你今後完成課程指導習慣的養成階段，按照操作流程規範操作是考核前的重要一環。

2.成長階段

經過考核，如果能夠通過，至少證明了你的天賦與努力得到認可。接下來除了對自己的要求，你已經必須承擔起爲他人負責的任務，消除不安全的隱患與避免不必要的麻煩也將列入每一節課的細節之中。

(1)在指導教師的帶領下，你可以嘗試著完整的上課了，在實際上課前，不斷的預演是很重要的環節，你的指導老師會做你的第一個「學員」，當然與其他同事在一起切磋也是好辦法。這個時候緊張與興奮會不斷地衝擊著你的每一根神經，想辦法讓自己平靜下來是將課程順利完成的關鍵。

(2)到了可以獨立上課的時候，你已經是一個有較多經驗的拓展教師了，這個時候的上課重心已經由體力向智力轉移，真正體現你的水準不單單是組織學員完成各項挑戰任務，能夠引導學員在分享回顧中談出項目所需表達的意境，並且能夠「總結提升」，給學員以理念上的幫助，能夠更好的讓戶外拓展訓練爲學員的未來生活服務，需要不斷的去「充電」才能完成。當然大多數拓展教師停留在這個水準上也是無可厚非的，尤其是拓展培訓領域的兼職教師和那些只喜歡上上課的老師們，他們仍然是拓展教師隊伍中很需要的一部分。

3.提高階段

戶外拓展訓練的開展僅僅停留在統一不變的一些流程與項

目上，就會出現「課程千篇一律，效果大同小異，結果不太滿意，最後沒了生機」的狀況。爲了避免一些人認爲「進入門檻低，無非做遊戲」的現象，拓展教師還需進一步提高，提高對項目的感悟能力是此時的重要工作。

(1)能夠對學員區別對待，有針對性的選擇項目、設計課程、制定大綱，或多或少也要下些功夫。合理的安排項目不是簡單的將項目拼湊在一起隨心所欲的排列開來，完成一個時段的課時總數就宣告完成任務那樣簡單。這個時候拓展教師的能力需要做培訓總監的角色，調查客戶需求有針對性的制定標書，設計課程並監督實施，然後取得客戶的回饋資訊。由於商業競爭，培訓總監的水準對取得客戶的信任與認可起著至關重要的作用。在學校裏戶外拓展訓練的教師同樣需要依據各自學校的人文背景、學員特點等設計好教學大綱、教好學員。

(2)現有的項目雖然有幾百個之多，但真正經典的也不過只有幾十個，如何改造、拆分、整合和創編一些新項目，是拓展教師的工作之一，尤其是教學科研型學校教師更是責無旁貸的要承擔起這項工作。教師間要定期進行一些交流與研討，將經驗與成果與他人分享，在不斷地提高與發展中，設計出符合學員的具有「大健康觀」的活動項目，符合傳統文化底蘊的「本土化」拓展項目，才能更好地推動戶外拓展訓練的發展。與此同時，一個優秀的拓展教師自然產生，並且會獲得更多的尊敬。

※拓展故事　猜猜他是誰

　　和學員們在一起時，經常會玩到猜人遊戲，這個人的經歷還是蠻有意思的，值得瞭解或記住。

　　23 歲：丟了工作。

　　23 歲：在競選州議員時落敗。

　　24 歲：在一次商業冒險中失敗。

　　25 歲：被選為州議員。

　　26 歲：心上人死去。

　　27 歲：經歷了幾次感情問題。

　　27 歲：在競選州議長時落敗。

　　34 歲：在國會提名時落敗。

　　37 歲：被選為國會議員。

　　39 歲：在國會議員再提名時落敗。

　　4O 歲：在競選土地管理局長職位時落敗。

　　45 歲：在競選美國參議員時落敗。

　　47 歲：在副總統提名中落敗。

　　49 歲：第二次競選美國參議員時落敗。

　　51 歲：被選為美國總統。

　　不論他是誰，這個經歷驗證了一句話：「失敗是成功之母，成功是成功之父。」

故事的哲理

每一個人都會經歷許多失敗，但有一點，失敗的次數多少和目標制定高低有關，從這個人的經歷中可以看出，他傾向於確定較高的個人目標並堅持不懈地追求和努力實現這些目標，即使必須面對一次又一次失敗。

即使是一個平常人，也要不斷地給自己制定一個值得追求的目標。林肯更是這樣的人。

第 八 章

潛能特訓教練

1 魔鬼訓練的意義

　　魔鬼訓練這種形式既安全又有一定的趣味性，易於被學員接受。但魔鬼訓練的最終目的，是讓學員將培訓活動中的所得應用到工作中去。如果缺乏專業培訓師的指導及建議，則很難達到理想效果。魔鬼訓練是體驗式的學習過程，並非體育加娛樂，它是對傳統教育的一次全面提煉和綜合補充。大多數人認爲，提高素質的手段，就是通過各種課堂式訓練來掌握新的知識和技能。其實，知識和技能作爲可衡量的資本固然重要，而人的意志和精神作爲一種無形的力量，往往更能起到決定性的作用。在何種情況下才能使有限的知識和技能釋放出最大的能

量？如何開發出那些一直潛伏在員工身上，而員工自己卻從未真正瞭解的力量？通過魔鬼訓練，整合團隊，發掘每個人的最大潛力，這就是魔鬼訓練的真正意義。

1.為團隊獲得更高昂的士氣和戰鬥力

在魔鬼訓練中，面對高難度的高空體驗時，個人是無法僅用自己的力量來完成全部的課程訓練的。自然，團隊成員的支持與鼓勵成為每個人完成自我挑戰的決定因素。當每個參訓人員成功完成訓練項目時，一種自我成功的滿足感和與團隊共同努力成功的成就感油然而生。每個人會從心底感謝團隊的支持與鼓勵，感謝隊友的關懷。此時，整個團隊的士氣與戰鬥力是坐在辦公室裏無法達到的。

2.減少員工的流動率和流失率

歸宿感是人的需求的一個重要層次。在魔鬼訓練的過程中，員工在成功體驗的同時體驗到了成功，這種成功來源於同伴的幫助與支持，會讓員工在團體中體會到一種歸宿的滿足感，會為所在的集體驕傲，會為自己所在這個集體而自豪。經過這樣的團隊建設後，會加強員工的凝聚力而使其流動率和流失率大大減少。

3.進行更和諧的溝通

訓練中通過員工之間身體與心靈上的接觸，使他們之間距離貼近，親切感產生，引起各方的共鳴，達成默契。就像男女雙方在音樂旋律下共舞，當雙方沒有接觸時，很難達到步調的一致；而隨著雙方手與身體的直接接觸，則逐漸配合協調，營造出和諧感，從而產生美感。魔鬼訓練使員工深切感受到溝通

的重要性。

2 魔鬼訓練的特點

　　魔鬼訓練根據體驗式學習圈的理論，結合「努力/放棄(積極/消極)」的心理力學模式以及「訓練、感受、分享、總結、應用」的心理適應規律，通過各種魔鬼訓練項目中的情景設置，使參加者充分體驗所經歷的各種情緒和心理，尤其是負面情緒，從而深入瞭解自身或團隊面臨某一外界環境或刺激時的心理反應與狀況，進而學會控制並實現超越，然後通過發表而共用，通過反思而提升，最後達到培訓目的而應用於實踐。

　　魔鬼訓練融合了高挑戰及低挑戰的元素，學員在個人和團隊的層面上。都可通過危機感、領導、溝通、面對逆境等等的培訓而得到提升。魔鬼訓練強調學員在「做」中學習。我們都知道，當我們不瞭解其他人的感受時，即使我們有很好的見解，我們也很難說服他人。研究資料表明，傳統課堂式學習的吸收程度大約爲 25%，而要求學員參與實際操作的體驗式學習吸收程度高達 75%，能更加有效地將資訊傳授給學員。傳統學習方式與體驗學習方式的比較如表 1 所示，魔鬼訓練正是一種典型的體驗式訓練。

表 1　傳統學習方式與體驗學習方式的比較

方式	傳統教育	體驗式培訓課程
1	以講師爲中心	以學員爲中心
2	傳授間接經驗爲主	獲取直接經驗爲主
3	被動接受知識爲主	主動學習知識爲主
4	肢體語言少，無接觸	肢體語言豐富，直接接觸
5	標準化學習	個性化學習
6	注重知識、技能	注重觀念、態度
7	注重知識獲得	注重問題解決
8	讓不知道的人知道	讓知道的人做到
9	以單向溝通爲主：培訓師→學員	多元互動：培訓師與學員互動、學員間的互動
10	目標單一：教學	目標豐富：培訓、旅遊、健身等等
11	過程：任務導向、枯燥單一	過程：體驗導向、快樂豐富

3 職場與道具

◎職場要求

　　魔鬼訓練營，是在封閉式室內進行的，因此，對訓練場地要求十分嚴格，有人說：「選好場地，成功一半。」一般地說，訓練場地要符合以下要求：

　　(1)若 100 人參加訓練，場地要能容納 200 人的空間，而且空間效果要好。四周牆壁沒有回音，上面有天花板，下面有地毯。

　　(2)訓練場地一定要封閉。隔音效果要好，裏面的聲音不傳到外面，外面的聲音不傳到裏面。避光效果也要好，室內的光線不到室外，室外的光線不到室內。

　　(3)若場內地面有地毯，就可以把桌椅全部撤掉；若場內無地毯，則桌子去了，保留椅子，而椅子一定要可以折疊或摞起來，這樣，便於學員做遊戲。

　　(4)講臺要寬，要大，不要太高。白板放在講臺中央，講桌放在右側，投影放在左側。音響室在講臺一側，講師站在講臺上，可以看到音響室內情況。

　　(5)音響室必須配齊調音台、功放、VCD、無線話筒。訓練場地的講臺兩側，配有兩個功率較大的音箱，講師正前牆壁兩側

各配一個小音箱。

(6)場內燈光要求嚴格，若把場內燈光全部關掉，要求伸手不見五指；然後，打開微弱燈光，可以看見人影；再打開一些燈光，可以依稀看見人的面目。場內中央天花板上，最好配有一盞聚光燈，並且可以調控光線強弱。

◎ 道具準備

魔鬼訓練營，是封閉式高強度的訓練，一旦進入訓練，就不得以任何理由停止或退出，這就要求訓練所需物品或道具充分準備好。

(1)橫幅：《魔鬼訓練營》；

(2)報名冊：姓名、性別、年齡、聯繫電話；

(3)資料袋：筆、筆記本、胸牌；

(4)塑膠花：多少個小姐，配多少束塑膠花；

(5)蠟燭：幾個小組配幾支蠟燭；

(6)獎品：獎品數量：（小組數×2）+一個小組人數；

(7)藥品：受訓學員體質差別，適當準備一些急用藥品，如風油精、枇杷膏、消炎藥之類；

(8)雜品：餐巾紙、打火機、照相機；

(9)證書：要求發給學員每人一本訓練證書；

(10)龍虎榜：為了激勵學員積極參與，將全體學員分為若干小組，每組學員為 10 人，並為每個小組取一個組名，讓每個小組、每個學員充分競爭，最後把成績記在龍虎榜上。

龍虎榜

組號	組名	積分	組號	組名	積分
1	成功		6	奮鬥	
2	創新		7	騰飛	
3	攀登		8	勇敢	
4	超越		9	堅持	
5	前進		10	學習	

◎營隊公約

　　魔鬼訓練營，在較短時間內對參訓學員進行高強度的訓練，就必須要求學員嚴格地遵守訓練規章制度，要有高度責任感和使命感，切實履行下列參訓守則。

《營隊公約》

1. 紀律：一切行動聽指揮；
2. 激勵：激勵自己，擴張自己，激勵夥伴；
3. 投入：100%地投入到每一個訓練環節中去；
4. 開放：訓練時盡力張揚，盡情參與；
5. 信賴：信賴訓練，信任夥伴；
6. 推崇：推崇訓練，推崇主訓師，推崇學友；
7. 守時：準時上下課，準時食宿；
8. 自律：不抽煙，不喝酒，不講不利團結的話；
9. 禁止：禁止錄音、錄影和不正當男女關係；
10. 管理：統一服裝，統一行動。

◎ 訓前宣導

參加魔鬼訓練營的學員，受訓後的效果如何，與學員訓前宣導有很大的關係。宣導工作做得好，訓練很順利，學員也很容易投入；若宣導工作做得不好，學員很難投入，訓練也難進行。

(1)推崇主訓師：訓前，一定要在學員面前極力推崇主訓師，讓學員對主訓師由衷地產生仰慕。一這樣，主訓師的訓練會很順利，學員也會積極配合。

(2)要求參訓企業以此訓練為契機，大力宣導訓練效果，推動業績增長。並且要求參訓人員控制在 100～200 人，在規定時間內，從要求參訓對象中擇優確定參訓人員。

(3)參訓人員最高年齡控制在 50 周歲以內。有心臟病、高血壓、精神病的人或孕婦不得參訓。

(4)開好訓前會。要求參訓學員在訓練期間，不外出，不與外界有任何聯繫。禁止手機、答錄機、照相機、攝像機、MP4 等帶入場內。強調紀律，注重投入。

◎ 訓練組長

魔鬼訓練營，要取得預期的效果，選好小組長以及訓練好小組長是尤其重要的一環。因為，在整個訓練中，要靠小組長積極配合主訓師，帶領各小組學員參與各項訓練。

(1)一般地說，學員分為多少個組，就配多少個小組長，不過要注意，學員要分成偶數組，比如 10 個組、16 個組。組長

要求從學員中產生。從二比一的比例中競選。

　(2)組長性別構成，最好男女各半。當選組長標準，要性格外向、張揚、力量型、有領導力並且負責任。

　(3)訓練前，組長要熟悉主訓師安排的訓練大綱，並且，對訓練過程中每一個遊戲、互動都要演講一遍。這樣，在訓練進行中，組長就會很默契地配合主訓師進行訓練。

4 燈光與音樂

　　魔鬼訓練營，燈光與音樂的配合極爲重要。一場訓練，要將參訓學員的情緒調到巔峰狀態，如果缺少恰當的燈光、激情的音樂，那是不可能的。因此，燈光師和音響師就成爲主訓師不可或缺的重要助手。

　　下表是某一場訓練中的「燈光與音樂」的教程安排：

「燈光與音樂」教程（一）

時間	教程		目的要求	燈光	音樂	碟號	備註
	進程	內容					
早晨 7：30	訓前	入場	自由入場，也可以整隊入場	亮	1.《春節序曲》 2.《歡迎進行曲》 3.《迎賓曲》 4.《運動員進行曲》	(五、8)↑ (四、2)↑ (四、3)↑ (四、4)↑	↑表示強音
	訓前	分組	團隊錯開男女混配	亮	《分列式進行曲》	(四、8)↓	↓表示弱音
		熱身	活躍氣氛	亮			

續表

時間		活動			《國歌》		音樂	備註
上午	8：00	洗腦	1.催眠 2.砸碎舊觀念 3.改變命運 4.迎接暴風雨 5.人生回憶 6.催醒 7.起立 8.按摩操		聆聽《國歌》	中亮	1.《春風》 2.《打碎玻璃聲》 3.《命運交響曲》 4.《電雷風雨》 5.《主耶穌誕生了》 6.《鳥、蛙、雞》 7.《國歌》 8.《狂歡夜》	#(一、1)↓ (三、1)↑ (三、2)↑ (三、3)↑ #(一、8)↓ (一、17)↑ (四、1)↑ #(三、6)↑	#表示反覆播放
上午	9：00	破冰	1.自我介紹 2.掌聲訓練 3.團隊公約 4.分家庭 5.抓小偷 6.選家長 7.隊員相識 8.龍虎榜 9.課堂用語 10.撕破假臉 11.上音樂課 12.對呼	愛的呼喚，愛的鼓勵，愛的快車略 坐成圓圈 開心一刻 爹的、媽咪 簽名、留通訊地址競爭 大白鯊一閉嘴巴聆聽演練		亮 亮	2.《莎啦啦》 4.《百鳥朝鳳》 5.《金蛇狂舞》 11.《凱歌》 12.《凱歌》	(三、5)↑ #(七、4)↓ (七、5)↓ (三、4)↑ (三、4)↑	
	休息							

- 162 -

續表

時間		教程		目的要求	燈光	音樂	碟號	備註
		進程	內容					
上午	10:00	講授	1.對呼 2.演講 3.眾人划船	吶喊、力量、轉動略 團隊、堅持、互動	亮	1.《凱歌》 3.《眾人劃槳開大船》	(三、4)↑ (三、9)↑	
		休息						
	11:00		1.對呼 2.演講 3.禮儀選擇	「命運與選擇」拉近距離	亮	1.《凱歌》 3.《為什麼》	(三、4)↑ #(一、6)↓	
		休息						
中午	12:30	講授	1.吃飯 2.跳啞語舞 3.催眠放鬆 4.按摩操	放鬆、減壓、睡眠，振奮、融洽	亮—暗—中亮	1.《回家》 2.《感恩的心》 3.《涼泉鳥語之夢》 4.《狂歡夜》	(一、2)↑ #(八、1) (三、6)↑	
		休息						
下午	14:00	講授	1.對呼 2.演講 3.搶椅子	「性格統籌組合論」競爭、參與、開心	亮	1.《凱歌》 3.《步步高》	(三、4)↑ (五、9)↑	
		休息						
	16:30	講授	1.對呼 2.演講 3.情景模擬	「說服力的四項修煉」失戀、跳樓、說服	亮	1.《凱歌》 3.《夢幻曲》	(三、4)↑ #(一、5)↓	
		休息						

續表

時間		教程		目的要求	燈光	音樂	碟號	備註
		進程	內容					
下午	17:30	講授	1.對呼 2.演講 3.無情嘲諷	「情緒的發洩」內外圈、相向、轉動	亮	1.《凱歌》 3.《親愛的小孩子》	(三、4)↑ #（二、14)↓	
		休息						
晚間	18:30	心悟	1.吃飯 2.跳啞語舞 3.心悟 4.按摩操	心靈修煉	亮 暗 中亮	1.《回家》 2.《感恩的心》 3.《成功心理強化訓練》 4.《狂歡夜》	(一、2)↓ #(八、1)上 #(三、6)↑	
		休息						
晚上	20:00	身份	1.確定 AB組 2.禁令 3.打預防針	不要掌聲口號，要投入	中亮			
	20:30	責任	1.主訓師引導 2.指導老師示範	與子女、對象、父母的責任，四男一女	中暗	1.《絲綢之路》 2.《江河水》	#（二、2)↓ #（二、7)N↑	
	21:30	祈求	1.指導老師祈求 　a.引導 　b.示範 2.A組學員祈求 　a.引導 　b.祈求	一男一女 A 組——B組祈求		a.《絲綢之路》 b.《江河水》 a.《情未了》 b.《情未了》	#(二、2)↓ #(二、7) #(二、9)↓ #（二、9)N↑	

續表

時間	教程		目的要求	燈光	音樂	碟號	備註
	進程	內容					
晚上	21：30	祈求	3.B 組學員祈求　a.引導　b.祈求	B 組 —— A 組祈求		a.《蘇武牧羊》 b.《蘇武牧羊》	#(二、6)↓ #(二 、 6)N↑	N↑ 表 示 忽弱忽強
	21：40	分享	1. 學 員 臺 上、台下分享 2.點蠟燭 3.學員分組分享	坐成圓圈 手捧蠟燭 依次	中暗	1.《人鬼情未了》 3.《燭光裏的媽媽》	#(二、9)↓ (二、10)↓	
	22：40	感恩	1.跳啞語舞 2.握手擁抱	與 20 名學員握手、擁抱	中亮	1.《感恩的心》 2.《愛的奉獻》	(八、1)↓ (五、17)↑	
	23：30	退場	1.手拉手 2.退場		中亮	1.《難忘今宵》 2.《今宵情》	(四、12)↓ (四、13)↑	
	23：30	感受	談感受 責任與使命	分小組、回房間暢談一天的感受				

「燈光與音樂」教程（二）

時間	教程		目的要求	燈光	音樂	碟號	備註
	進程	內容					
上午 8：00	講授	1.對呼 2.演講 3.投影 4.分享 5.對視	「相信自己是最棒的」──建立自信各隊一人，兩分鐘內外學員對視	亮	1.《凱歌》 3.《無臂女人》 4.《安慰曲》 5.《安慰曲》	（三、4）↑ （八、4）↓ #（一、7）↓ #（一、7）↑	
	休息						
上午 10：30	講授	1.對呼 2.演講 3.魔鬼打擊	「心靈上的力量」圍成圓圈打擊	亮	1.《凱歌》 3.《醉拳》	（三、4）↓ （三、16）	
	休息						
11：30	講授	1.對呼 2.演講 3.信心背摔	「驅除心靈的惡魔」──挑戰恐懼	亮	1.《凱歌》 3.《真心英雄》	（三、4）↑ #（三、12）↑	
中午 12：30	睡眠	1.吃飯 2.跳啞語舞 3.催眠放鬆 4.按摩操	心理減壓睡	亮暗中亮	1.《回家》 2.《我真的很不錯》 3.《馬丁大師》 4.《狂歡夜》	#（一、2）↓ #（八、2） #（三、6）↑	
	休息						

續表

時間		教程		目的要求	燈光	音樂	碟號	備註
		進程	內容					
下午	14:30	講授	1.對呼 2.演講 3.投影 4.分享 5.突圍、人圍	「挖掘生命的潛能」各隊一人，兩分鐘突破、潛能、力量	亮	1.《凱歌》 3.《老鷹帶小鷹》 4.《安慰曲》 5.《喜洋洋》	(三、4)↑ (八、3) #(一、7)↓ #(五、10)↑	
		休息						
	16:00	講授	1.對呼 2.演講 3.風雨同舟	「團隊的力量」凝聚、親和、團隊	亮	1.《凱歌》 3.《團結就是力量》	(三、4)↑ #(三、10)↑	
		休息						
晚間	17:00	講授	1.對呼 2.演講 3.目標分享 4.找目標	「駕馭人生的航向」——確定目標呐喊迷失、尋找	亮	1.《凱歌》 3.《安慰曲》 4.《狂歡夜》	(三、4)↑ #(一、7)↓ #(三、7)↑	
		休息						
	18:30	心悟	1.吃飯 2.跳啞語舞 3.心悟 4.按摩操	心靈修煉	亮 暗 中亮	1.《回家》 2.《我真的很不錯》 3.《成功心理強化訓練》 4.《狂歡夜》	#(一、2)↓ #(八、2)↓下 #(三、6)↑	
		休息						
	20:00	中國功夫	1.中日打擂 2.江湖賣藝 3.中國功夫	開心，情緒	中亮			

續表

時間		教程		目的要求	燈光	音樂	碟號	備註
		進程	內容					
晚上	20:10	成功煉獄	1.引導 2.示範 3.成功誓言 4.成功操 5.靜心	成功理念進入潛意識 情緒調到巔峰狀態	中暗	1.《絲綢之路》 2.《男兒當自強》 3.《男兒當自強》 4.《夢幻曲》	#(二、2)↓ #(七、9)↑ #(七、9)↑ #(一、5)↓	
	20:40	沖關	1.示範 2.沖關 3.靜心 4.跳啞語舞	人人過關,防止缺失; 進入狀態,永生難忘; 鳳凰涅槃,重獲新生。		1.《男兒當自強》 2.《男兒當自強》 3.《夢幻曲》 4.《我真的很不錯》	#(七、9)↑ #(一、5)↑ #(一、10)↓ #(八、2)	
	23:40	頒獎	1.優秀小組 2.優秀學員 3.指導老師	獎品	中亮	《頒獎》	#(四、10)↑	
	24:00	結訓	1.主管講話 2.握手問候 3.退場		中亮	2.《祝你平安》 3.《從頭再來》	(七、8)↑ (三、8)↑	

5 催眠與暗示

　　魔鬼訓練的培訓，有兩項重要的訓練手段，就是：催眠與暗示。

◎催眠
1.催眠的性質

　　初聽到「催眠」兩字，人們很容易與睡覺混為一談。催眠看起來好像與睡覺一樣，實際上是兩碼事，催眠不是睡眠。

　　睡眠是生理現象，催眠是心理現象。睡眠是人的本能，是為了讓腦休息，使腦功能正常運作；催眠是腦功能在特定條件下的一種活動，或者說是一種特殊的心理活動。

　　睡眠不是一種技術，催眠是一種技術。睡眠不需要學習，人人都會；催眠是種專門技術，要經過一定的學習才能掌握。

　　睡眠不與外界溝通，催眠與特定的外界溝通。睡眠時腦功能基本上處於休息狀態，不與外界溝通，不受別人的控制，若與外界溝通的話，人就醒了；催眠時，大腦還有一部分處在警覺狀態，沒有完全與外界隔絕，與催眠師保持著單線聯繫，接收催眠師的控制。可以說，在淺度催眠時，大腦基本上受催眠師的控制；在深度催眠時，大腦完全受催眠師的操縱。

睡眠不能治病，催眠能治病。睡眠對人的身體健康非常重要，科學研究表明，一個人如果缺少睡眠會有損健康，但睡眠不是一種治病的手段；催眠是治病的一種手段，它可以醫治許多心理疾病。

2.催眠的條件

實施催眠有物質條件與精神條件兩方面。

(1)物質條件。要有一間環境安靜的會議室，要有窗簾或調光電燈，能使室內光線處於較暗的狀態，室內色調要和諧，其中環境安靜這一條件是針對初學者來說的，如果催眠術掌握得較熟練，即使是在較熱鬧的地方，也能進行催眠。如國外經常有催眠師在電視臺進行催眠的實況轉播，場面非常熱鬧，有強烈的燈光，有電視臺工作人員，環境絕不安靜。

催眠的時間最好選擇在飯後一小時，因為此時的血液大部分集中在消化系統，腦部呈輕微貧血狀態，人本來就有一種昏昏欲睡的感覺，這時催眠最易成功。

實施催眠時溫度要適中，冬天太冷，夏天過熱，催眠的效果都會大打折扣。現代科學發達，冬天、夏天均可用空調調節溫度，保持溫度適中。

實施催眠時，室內空氣要保持清新。室內空氣渾濁、潮濕、乾燥，均會使人產生不適感，影響催眠效果。如梅雨季節，或連續幾天下雨，或室內有人吸過煙，都會使室內空氣不清新。在實施催眠前，最好用除濕機除濕或將窗門打開，吸收新鮮空氣，使空氣流通。

(2)心理條件。其一，接受催眠的人要有明確的動機，要願

意接受催眠。一般在催眠前，催眠師要向接受催眠的人簡明扼
要地介紹催眠是怎麼一回事，使他們認同，引發受眠者積極接
受催眠的慾望與動機。其二，受眠者對催眠師要有充分信任。
受眠者相信催眠師能幫助自己，「我就交給你了，一切聽從你的
安排」。受眠者對催眠師有了這種信任和依賴，催眠成功的把握
就大了。在受眠者眼中，催眠師是權威，這種權威性越高，越
有利於催眠。如果受眠者對催眠師有所顧慮或感到害怕，催眠
就難以成功；如果受眠者對催眠師不信任，催眠也難以成功。
其三，要有陪伴者。尤其是女性或者膽小的人，一定要有陪伴
者在場，因為他們會擔心自己被催眠後有無法預料的事發生，
情緒不安，也會影響催眠效果。

　　3.催眠的程度

　　催眠的程度有深有淺，一般分為淺度催眠、中度催眠與深
度催眠。

　　(1)淺度催眠。心情平靜，呼吸均勻，肌肉放鬆，略有疲倦，
不想睜眼，對語言刺激有選擇能力，對暗示的感受性較弱。解
除催眠後，能記起催眠的全過程，感受到輕鬆、舒服。

　　(2)中度催眠。部分失去視、聽、味等感、知覺，受暗示性
增強。解除催眠後，對催眠的大部分過程記不清。

　　(3)深度催眠。表情呆滯，肌肉完全放鬆或僵直，感覺全面
喪失，即使開刀也不感到痛。喪失自衛能力，無障礙地接受一
切指令。

　　4.催眠的實施

　　(1)安靜：

「閉上你的眼睛,抬起你的頭,挺起你的胸,兩手放在膝蓋上。」催眠師連說三遍,聲音輕而柔和。

「閉上你的眼睛,深深地吸進一口氣,要細、要勻、要深;請長長地呼出一口氣,要細、要勻、要長。」催眠師連續說三遍。

(2)放鬆:

第一節	第二節
我正在休息	左肩肌肉放鬆了
我正在放鬆	左臂的肌肉放鬆了
我正在入靜	左手指的肌肉也放鬆了
我什麼也不想	右肩肌肉放鬆了
我感到輕鬆和愉快	右臂的肌肉放鬆了
	右手指的肌肉也放鬆了
	兩隻手臂都放鬆了
	我感到兩手很沉重
	我是安靜的,安靜的……

第三節	第四節
左大腿的肌肉放鬆了	腦門的肌肉放鬆了
左小腿的肌肉放鬆了	臉頰的肌肉放鬆了
左腳指的肌肉也放鬆了	下巴的肌肉放鬆了
右大腿的肌肉放鬆了	脖子的肌肉也放鬆了
右小腿的肌肉放鬆了	頭部的肌肉全放鬆了
右腳指的肌肉也放鬆了	我感到頭部很沉重
雙腳都已經放鬆了	我是安靜的,安靜的……

我感到雙腳很沉重

我是安靜的，安靜的……

第五節

胸部的肌肉放鬆了

腹部的肌肉放鬆了

背部的肌肉放鬆了

臀部的肌肉也放鬆了

全身的肌肉都放鬆了

放鬆的肌肉很沉重

我非常安靜，安靜的……

第七節

我的全身都放鬆了

心臟在平穩地跳動

心跳的節奏很均勻

我感到輕鬆

我感到愉快

我感到舒服

第六節

我的全身都放鬆了

我完全擺脫了緊張

我的呼吸很通暢

我的呼吸很平穩

甜甜的空氣進入鼻孔

進入我的肺部

我舒服極了

第八節

我正在休息

我正在放鬆

我正在入靜

我什麼也不想

我感到輕鬆和愉快

(3)催眠：安靜、放鬆，什麼也不想，一心想到睡。

　　閉上人的眼睛，一心想到睡，拋開一切雜念，這裏沒有打擾你的東西，除了我說話的聲音，你什麼也聽不見了，你已經困倦了，要入睡了，現在我給你數數了，隨著我數數，你就會加重瞌睡。

　　①一股舒服的暖流流遍全身；

　　②頭腦開始模糊了；

③越來越模糊了；

④現在安靜極了，舒服極了；

⑤你會感到眼皮沉重，有一種昏昏欲睡的感覺；

⑥你已經進入催眠狀態，眼睛想睜也睜不開了；

⑦入睡吧，深深地入睡吧；

⑧不能克服的睡意已經完全籠罩著你了；

⑨你已經舒服地睡著了；

⑩你睡吧，盡情地睡吧！

(4)催醒：再過五分鐘，我將把你叫醒。你醒來以後，將會感到特別的痛快。你會感覺到好像睡了一夜好覺，精力特別旺盛。你的頭腦變得清醒。現在我為你數數，從五數到一時，你就會完全清醒，醒來後你會覺得舒服極了。

⑤你開始逐漸清醒了；

④你精神爽快極了；

③你的肌肉變得有彈性了，有力量了；

②你頭腦清醒了，開始清楚地辨別各種聲音；

①你完全清醒了，醒來吧！

5.催眠的結果

催眠過程中會出現許多異常情況，沒有親身經歷是不會輕易相信的。

我在進行催眠實踐之前聽過一些關於催眠的故事，但並不完全相信。自從 1996 年以後，我做了大量有關的催眠訓練，利用催眠術訓練出來的學員，產生許多不可思議的效果。

(1)在輕度催眠狀態下，受眠者會跟著感覺走。我在催眠過

程中也多次做過這樣的實驗。當受眠者進入催眠狀態後，我說：
「我拿一個香水瓶放在你的身旁，我把瓶蓋打開，一股氣體在
瓶中散發出來。請你聞一聞，聞到了什麼味道？」幾乎所有的
人都說：「聞到了香味。」有的還說「聞到了玫瑰香」。實質上
我兩手空空，什麼也沒拿。當受眠者進入輕度催眠狀態，嗅覺
會特別靈敏。

　　有時我對學員做催眠，催眠後，你如果對受眠者說：「這是
一杯水，我現在放了些糖，請你嘗一下，有沒有味道？」他會
說：「有點甜味。」如果你對他說：「這是一杯咖啡，你嘗嘗看。」
他就會說：「這的確是咖啡味道。」當受眠者進入輕度催眠狀態，
人的味覺會發生錯覺。

　　(2)在中度催眠狀態下，受眠者感覺會跟著暗示走。在受眠
者進入催眠狀態後，可以使其身體變冷，也可以使其身體變熱。

　　要產生熱的感覺，催眠師在受眠者耳邊輕輕地說：「我在你
的身旁放上一個烘箱，這個烘箱裏面的火很旺，有一股熱氣散
發出來」。其實什麼也沒放。

　　接著問：「你有什麼感覺？」受眠者會說：「有點熱。」催
眠師又說：「我把烘箱再向你身邊移近些，你現在的感覺如何？」
受眠者會說：「很熱。」催眠師進一步說：「我把烘箱再移近些，
你的感覺怎樣？」受眠者會說：「燙了。」這時，催眠師要立即
把烘箱移遠些，或者移得遠遠的，否則的話，可能使受眠者燙
傷。

　　要產生冷的感覺，催眠師要輕輕地說：「你的右手開始變冷
了，你的右手變得越來越冷，冷得像冰塊。」催眠師接著說：「你

的左手開始變冷了，你的左手變得越來越冷，你的雙腳開始變冷了，你的雙腳變得越來越冷了，現在你全身都變冷了，冷得像一塊冰塊。」催眠師可以發問：「你的感覺如何？」受眠者會說：「我感覺到冷。」這時，你可以不必再讓其冷下去，可用暗示方法恢復原狀。

(3)在深度催眠狀態下，能使人出現幻覺和心理年齡倒退。催眠狀態由中度進入深度後，會出現更加令人不可思議的現象。

日本名古屋大學環境研究所的杉木助教做過一個實驗。他將一名大學生關在隔音室裏，屋內一片漆黑，伸手不見五指，外面的聲響一概聽不見。大學生在黑暗中接受催眠，兩個半小時後，他自言自語：「聽到天花板有聲響。」四小時後，他又說：「看到鮮花。」20小時後，他說：「聽到大型飛機爆炸聲音。」實際上，這間屋子與外界隔絕，什麼也看不見，什麼也聽不見，而他都看到「花」，聽到「天花板的聲響」與「飛機的爆炸聲」。

為何有這種現象出現呢？這是腦的潛意識的作用。在深度催眠下，受眠者與外界隔絕，置身於單調的環境中，人的潛意識就會像沉在大海裏的冰山一樣浮出水面，在催眠師的暗示下，幻覺就出現了。

更使人驚奇的是，當催眠者進入深度催眠狀態時，心理年齡產生倒退。

有一次，在訓練中做「今天我五歲」活動時，對學員進行深度催眠。當我用暗示語誘導：「我正在降低你的年齡，一歲一歲地減去，當我數著你的年齡時，時光會漸漸倒退，你會變得越來越年輕。」給予這樣的暗示後，我接著從他們現在的年齡，

開始一歲一歲向後倒數，直至數到所確定的五歲年齡爲止。結果，學員們就會表現出五歲兒童的動作、語氣來。

◎暗示

1.暗示的現象

心理學中有一個實驗，以一名死囚犯爲樣本，對他說：「我們執行死刑的方式是使你放血而死，這是你死前對人類做的一點有益的事情。」這位犯人表示願意這樣做，實驗在手術室裏進行，犯人在一個小間裏躺在床上，一隻手伸到另一大間，他聽到隔壁的護士與醫生在忙碌著，準備對他放血。護士問醫生：「放血準備五瓶夠嗎？」醫生回答：「不夠，這個人塊頭大，要準備七瓶。」護士在他的手臂上用刀尖點一下，算是開始放血，並在他手臂上方用一根細管子放熱水，然後順著手臂一滴一滴地滴進瓶子裏。犯人只覺得自己的血在一滴一滴地放掉，滴了三瓶，他已經休克，滴了五瓶他已死亡，死亡的症狀與放血而死一樣。

暗示現象非常奇妙，非常普遍，它對人生影響有時很大的，既能致人生病，又能幫助人治病，使人健康。

醫學試驗中有一種安慰劑，它是一種無任何藥效、無副作用，而只產生暗示作用的粉劑。有人曾對 4681 名患有各種疾病的人服用安慰劑進行實驗，結果有 27%的人收到良好的效果；給 122 名手術後刀口疼痛的人服用安慰劑，結果 39%的人消除了疼痛；給因患癌症而引起長期疼痛的人注射 10 毫克嗎啡，65%的人短期內消除疼痛，而讓這些人服用安慰劑，有 42%的人收

到同樣的效果。

2.暗示的分類

暗示是一種常見的心理現象,暗示現象有時表現得非常妙。

暗示可以從不同的角度進行不同的分類。

⑴根據暗示對人身心健康的作用來劃分,可分爲積極暗示與消極暗示。

所謂積極暗示,是指個體受暗示後,身心發展趨向健康,又稱正面暗示。

所謂消極暗示,是指暗示會損害個體的身心健康,又稱負面暗示。

⑵根據暗示的實驗主體來劃分,可分爲他人暗示與自我暗示。

所謂他人暗示,是指實施暗示者對別的個體進行有意的暗示。

所謂自我暗示,是指實施暗示者對自己實施暗示。

⑶根據個體受暗示時的精神狀態來劃分,可分爲覺醒暗示與催眠暗示。

所謂覺醒暗示,是指受暗示者在神志清醒時接受暗示。

所謂催眠暗示,是指個體被催眠時接受暗示。

3.暗示的機理

暗示是權威者運用語言、行爲以及所創建的環境對人的心理產生影響的過程。

暗示是對人的心理產生影響。暗示對人的影響發生在心理上,有時看起來在生理上有所反應,但是,生理上的反應是心

理受影響的結果。心理上的影響是直接的，生理上的影響是間接的。生理上的影響是心理作用的結果。

　　暗示現象看起來很奇妙，但這些奇妙現象是大腦，如果沒有人腦，就沒有人的行為與人的心理，也就談不上暗示。

　　暗示是一種心理現象，它刺激大腦，從而使大腦發生指令，調節人體的心理或生理。這種調節大多是在潛意識中進行的，因此可以說，暗示是在潛意識中進行的。

6 感恩與引導

◎什麼是感恩

　　讓我們來聽賴東進的故事。他說:「我的父親是個盲人,母親也是個盲人且弱智,除了姐姐和我,幾個弟弟妹妹也都是盲人。瞎眼的父親和母親只能當乞丐,住的是亂墳崗。我一生下來就和死人的白骨相伴,能走路了就和父母一起去乞討。9 歲的時候,有人對我父親說,你該讓兒子去讀書,要不他長大了還是要當乞丐。於是,父親就送我去讀書。上學第一天,老師看我髒得不成樣子,給我洗了澡。這是我生命中第一次洗澡。為了供我讀書,才 13 歲的姐姐就到青樓去賣身。照顧瞎眼父母和弟妹的重擔落到了我小小的肩上,我從不缺一天課,每天一放學就去討飯,討飯回來就跪著餵父母。後來,我上了一所中專學校,竟然獲得了一個女同學的愛情。但未來的丈母娘說:天底下找不出他家那樣的一窩人。把女兒鎖在了家裏,用扁擔把我打出了門。」

　　講到這裏,他提高了聲音:「但是,我要說,我對生活充滿感恩的心情。我感謝我的父母,他們雖然瞎,但他們給了我生命,至今我都是跪著給他們餵飯;我還感謝苦難的命運,是苦難給了我磨練,給了我這樣一份與眾不同的人生;我也感謝我

的丈母娘，是她用扁擔打我，讓我知道要想得到愛情，我必須奮鬥！」

什麼是感恩？這就是感恩。賴東進的故事，就是一個感恩的故事。

◎感恩的燭光

1.點燃第一支蠟燭

引導：這第一支蠟燭，獻給我們的母親。無論何時、何地，我出了問題，你總在那兒幫助我。不論有什麼苦悶，你總傾聽我的訴說，我真不知道，如果沒了你，我的心靈會怎樣漂泊。可如今，母親年老了，臉頰上佈滿皺紋，密密麻麻的，像蜘蛛網一樣，不知道裏面覆蓋了多少委屈和汗水；額頭上，也是一條一條的皺紋，很深很深，不知道裏面埋藏了多少艱難的歲月。母親啊，您這張蒼老的臉，我們做兒女的多麼希望能摸一摸。

2.點燃第二支蠟燭

引導：這第二支蠟燭，獻給我們的父親。蒼老的父親，有一雙勤勞的雙手，是它，把我們抱養大；是它，不停地工作，養家糊口；是它，為我們提供學費。如今，父親這雙樹皮一樣的手，再不能像以往那樣把我們抱起來，這雙手，我們做兒女的多麼希望能摸一摸。

3.點燃第三支蠟燭

引導：這第三支蠟燭，獻給我們的兄長。你雖然會對我吼，但那是為了愛；你雖然曾經偷看我的日記，但那是為了關懷。你以前跟我打球會輸，因為想讓我贏，你是我永遠的肩膀與依

靠。

4.點燃所有蠟燭

引導：這些蠟燭，獻給我們所有的親人。因爲是他們的關愛，才使我們長大；因爲是他們的呵護，才使我們長大成人；因爲是他們的幫助，才使我們有了今天。

我們由衷地表示感恩！

5.燭光裏的媽媽

現在，請小組長手捧著點燃的蠟燭，站到本小組圓圈的中心位置。

引導：小小的蠟燭，燃起了火焰，那不是火焰，那是燭光；那不是燭光，那分明是媽媽的目光，是媽媽在看著我們，在期盼我們，在爲我們祈禱：「孩子，你還好嗎？受委屈了嗎？你和媽說，媽能聽得到。媽就在你身邊，陪伴你。你有什麼苦水就倒出來，有什麼辛酸就說出來，看媽能幫你麼？」

6.給媽媽的一封信

媽媽：

我想對你說，可話到嘴邊又咽下；我想對你笑，可眼裏卻點點淚花；我想對你哭，可往事不堪回首。

記得小時候，七歲那年，我要上學了。我看見別人家孩子一個個背上新書包，高高興興地上學，而我沒有書包，就賭氣不去上學，鬧著要一個新書包。你沒辦法，就用編織袋給我剪了一個口袋，縫上兩根帶子，做了一個書包給我。我見了就不高興。那時，你就哄我，說下次做一個新的布書包給我。於是，我就上學了！

十歲那年，一天深夜，我從被子裏爬起來，看見你一個人坐在床前，就著一盞昏暗的豆油燈，一針一線地納鞋底。我朦朦朧朧的，沒有問你。後來，一連幾個晚上都是這樣納啊納，我就問：「媽，這麼晚了，你還給誰做鞋子呀？」你就說：「孩子，給你呀，你就要過十歲啊，媽沒有錢為你買新衣服，就給你做一雙布鞋。」那天晚上，我高興得做夢都在笑。

生日那天早晨，你把我單獨叫到房裏去，對我說：「孩子，今天是你的生日，我們家窮，媽沒有什麼珍貴禮物送給你，你就穿上媽做的新布鞋，到學校去。」說完，你又塞了兩個雞蛋在我手上。於是，我穿上媽媽你給我做的新布鞋，背上媽媽給做的新書包，拿著媽媽你為我煮的雞蛋，走在上學的路上，一路雀躍。同學們見到我的生日雞蛋，口水都快饞出來，望見我腳上的新布鞋，更是羨慕得要死。因力家裏窮，以前，我一直是光著腳板上學，今天，我有了新鞋穿，我是多麼的高興，多麼的倍加珍惜，鞋子髒了，我就用口水擦乾淨；下雨了，我就打赤腳，不穿。有一天下午下著大雨，我把這雙新布鞋脫下來，放進課堂抽屜裏，放學回家忘了帶，趕忙回去取，不見了，於是，那天，我很晚回家。

媽媽你看見我一雙赤腳，什麼也明白了。於是，就用竹梢打我的腿，用手打我的屁股，我哭了，媽媽你也哭了，哭得很傷心，你抱著我哭，說：「孩子。我們家窮，做一雙新鞋不容易，它浸透了媽多少心血，你知道嗎？」我說：「媽，你別哭，我不要新鞋穿，我可以打赤腳去讀書。」從此，很長時間我都是光著腳板子去上學。

　　十五歲那年，我讀上高中了，可是家裏的日子更難了，書本費也交不起，爸爸就對我說：「家裏日子沒法過了，你就不要讀書了，幫助幹一些活。」於是，我失去了往日歡笑，一個勁地拼命幹活，挑水、鋤地、打柴……從早到晚地幹，沒幾天工夫，人就變黑了，變瘦了。一天，媽媽你把我叫到房間去，問我要不要讀書？我跪在你身邊，說：「我要讀書！我要讀書！」於是，你就從衣袋裏拿出 200 元錢塞到我的手上，說：「孩子，你去讀書吧！家裏的事有我撐著。」我又讀書了。後來，當我知道這 200 元錢是媽媽你收藏 10 年才得來的，我心碎了，我哭了：「媽媽，我不要讀書！媽媽，我不要讀書！」

　　媽媽，爲了孩子，你竟是這樣的無私奉獻；爲了孩子，你竟是這樣的崇高和偉大。孩子發誓，今生今世要報答你的養育之恩，要讓你過上好日子。

　　現在，請大家閉上眼睛，在心中默默地爲媽媽許下三個願！

7 責任與使命

魔鬼訓練營，其中有一場最精彩的訓練，就是《責任與使命》。這場訓練，能在很短時間內激發起學員強烈的責任感和使命感。

◎責任

1.訓練前準備

(1)全體學員分小組列縱隊，席地而坐；

(2)學員入靜，放鬆，深呼吸；

(3)禁止任何雜音和響聲；

2.氣氛

燈光熄滅，低沉哀怨的音樂響起。

3.引導

我們每一個為人父母的，都有自己的寶貝孩子。孩子選擇了我們，才來到我們家。孩子，天真活潑，聰穎可愛。如今，我們為人父母，就有一份讓孩子讀上大學，接受好的教育的責任。但是，我們的事業沒有取得成功，我們如何能盡到父母對孩子的教育責任？

我們每一個做丈夫的，都有自己親愛的妻子。妻子為了我

們，把一生都交給我們，體貼入微，勤儉持家。如今成家立業了，我們有一份讓妻子過上幸福美滿、快樂生活的責任。但是，我們在事業上沒有取得成功，我們能盡到丈夫對妻子一份愛心的責任嗎？

　　我們每一位做兒女的，都有自己親愛的母親。母親為了把我們拉扯長大，含辛茹苦，節衣縮食。如今我們長大了，就有一份讓母親過上好日子、安度晚年的責任。但是，我們的事業沒有取得成功，我們能盡這份對母親孝心的責任嗎？

　　(1)對孩子的責任。

　　每當我們捧著自己的寶貝孩子，望著那張天真爛漫、活潑可愛的臉，我就說：「孩子，你選擇我們家，沒錯！我一定要讓你吃好的，穿好的，玩好的，要讓你讀最好的學校，要讓你出國留洋。」

　　孩子在呵護下一天天長大了，進了小學，可是，孩子回家經常要錢，今天是校服費，明天是報刊費，後天是講義費，要錢的名堂五花八門，幾個工資很難應付。有一天，大概是我領工資那天，領到工資回家，路上不巧遇到了放學回家的孩子。孩子纏著我說：「爸爸，老師說，暑期到了，學校要組織我們同學參加夏令營，要交報名費」。我心裏一震，天呀，幾乎是我一半的工資。於是，我就對孩子說：「孩子，咱們不參加夏令營，暑假在家裏，我陪你玩。」孩子不依，非要把我拖到學校裏去，我不去。過路人見我們父子倆在馬路上拉拉扯扯，都圍了上來，有人說：「孩子參加夏令營，是正當的！」有人說：「就是再苦也不能苦孩子！」有人說：「還捨不得，這父親怎麼做的？！」

我無地自容，而孩子在旁人的助威下更是不依。於是，我拿出最狠的一招，「啪！」地一個耳光打過去，孩子一聲不吭地捂著臉，乖乖地跟著我回家。就在回家的路上，孩子說了一句話：「你沒錢就沒錢，幹嗎要打我？」我心裏猛然一驚，這麼小的孩子竟說出一句如此大人的話，我心靈震撼。

為什麼別人的孩子能交錢，而我的孩子卻交不上？為什麼別人的孩子能參加夏令營，而我的孩子卻要挨打？這都是為什麼？我，一個為人之父的男子，你兌現了對孩子的諾言嗎？你盡到了一個做父親對兒子教育的責任嗎？挨打的不應該是孩子，而應該是我，這一巴掌不應該打到孩子的臉上，而應該打到我這個做父親的臉上。

(2)對妻子的責任。

每當看到妻子忙裏忙外地操勞，瘦得不成人樣，心裏就不是滋味。

記得一個炎熱的夏天，我回家突然發現妻子昏迷不醒地躺在地板上，我急忙把她送到醫院搶救。醫生檢查、化驗、打吊針，我則坐在病床前護理她，輕輕地撫摸著妻子的手，注視著她那瘦削的、蒼白的臉龐，忽然發現妻子的眼角早已爬滿了魚尾紋。我心裏特別難受：「老婆，你受苦了！」當妻子清醒過來之後，第一句話就是：「等病好了，陪我去旅遊！」我回答：「一定，一定！」

兩天后，醫生突然把我叫到一邊，沉重地跟我說：「經過檢查，化驗，你妻子可能患了癌症！」當我聽到癌症兩個字，一下懵了，呆了，好久才清醒過來。我對妻子說：「沒什麼，醫生

說你馬上可以出院了。」從此，我見了親朋好友，談笑風生；見了醫生護士，笑臉相迎，妻子躺在床上有怨恨，說：「我都病成這樣，你還能笑得出來。」

半個月後，醫生來查房，對我說，經過復診，你妻子的病不是癌症。當時，我的眼淚涮地流下來。想說什麼，可一句話也說不出來，只是一把握住醫生的手，搖著、搖著，只是一個勁地搖著。在場的醫生、護士、病友的眼眶濕了。而妻子卻緩緩地從床上爬起來，說：「若有來生，不嫁別人！」

出院後，我一遍一遍地問自己，堂堂的五尺男兒，你兌現了婚前山盟海誓的諾言嗎？你讓自己的妻子過上幸福美滿的生活嗎？你盡到了一個做丈夫的責任了嗎？

(3)對母親的責任。

回想起來，小時候，母親說：「別人家的孩子出生，都是大哭，苦啊，苦啊！」而我來到這個世界上，則是緊握雙拳，一聲不吭，似乎要告訴人們「我要成功才來的」。我生下來就與眾不同，是因為我差一點要死掉。生我時多艱難，決定了我半輩子走過的道路是那麼曲曲折折，坎坎坷坷，遭受了數不盡的磨難和辛酸。

七歲那年，到了上學的年齡。在山村裏，我望著同齡的兒童，背上新書包高高興興地走在上學的路上，我渴望極了。於是，回到家，就對母親說：「媽！我也要讀書！」晚上，夜很深了，我睡眼蒙朧地爬起來，只見母親坐在床前，就著一盞昏暗的豆油燈，正一針一線地縫什麼東西，我問：「媽！雞都快啼了，你還不睡？你在縫什麼？」母親說：「明天你要去讀書呀，我正

忙著幫你縫書包！」我聽了媽的話，興奮到天亮。第二天，我真的背上母親縫的布書包，走在上學的路上。我想，我的書包雖然是用舊布料縫製的，但是，書包上的一針一線，都是母親的一片心，我要倍加珍惜，我要努力讀書！

到了我念高一那年，想買一本《英漢大詞典》學英語。媽媽兜裏沒錢，卻仍然答應想辦法。早飯後，媽媽借來一輛架子車，裝了一車白菜和我一起拖到 40 裏外的縣城去賣。我們到縣城時已快晌午了，早上我和媽媽只喝了兩碗紅薯玉米稀飯，此時肚子餓得直叫。我真恨不得立刻有買主把菜拉走，可媽媽還是耐心地和買主討價還價。100 斤白菜換來了 200 元錢。有了錢，我想先去吃飯，可媽媽說還是先買書，這是今天的正事。

到書店一問書價，要 187 元，買完書只剩下 13 元。可媽媽只給了我 10 元零錢去買了兩個燒餅，說剩餘的 3 元錢要攢著給我上學花。雖然吃了兩個燒餅，可等我們娘兒倆快走完 40 多裏的回家路時，我已經餓得頭暈眼花了。這時，我才想起，我居然忘了拿一個燒餅給母親吃，她餓了一天的肚子為我拉了 80 里路的車！我後悔地真想打自己耳刮子，可母親卻邊拉著車邊對我說：「媽沒讀書，可媽媽記得小時候老師念過的高爾基的一句話——貧困是一所最好的大學！你要是能在這個學堂裏過了關，那好大學就由你考哩！」媽媽說這話的時候，她不看我，她看著那條土路的遠處，好像那條路就真的可以通向大學一樣。

通過幾年的努力、奮鬥，我終於考取了大學，臨上大學的頭一天晚上，我母親一邊幫我一針一線的補衣服，一邊對我說：「孩子，你就要上大學了，你終於丟掉了鋤頭把，媽就指望這

一天！」說著說著，媽哭起來，我也哭起來了。我明白媽媽的心思，我在心裏暗暗發誓，一定要做一個頂天立地的男子漢，一定要讓母親過上好日子，一定要盡兒女對母親的孝心的責任。

在大學裏讀書期間，有一回，母親千里迢迢到學校裏來看我。她先坐牛車、汽車，後坐火車，來到我的學校。在看望的父母中，只有我媽掏出用白布包著的葵花子。炒熟的葵花子，媽全磕好了，沒有皮，白花花的像密密麻麻的雀舌頭。

我接過這堆葵花子，手開始抖。母親也沒說話，只是一個勁地撩起衣角擦眼淚。她千里迢迢來看望我這個兒子，是賣掉了雞蛋和小豬，湊足路費來的。來前，白天下地工作後，晚上在昏暗的煤油燈下嗑瓜子。十多斤瓜子不知道嗑亮了多少個夜晚。我低著頭，心想，自己正是身強力壯的小夥子，正是奉養母親的時候，可我卻不能。在所有看望孩子的人群中，我母親的衣著最普通。母親一口一口嗑瓜子的情景，包含千言萬語，做兒子的我淚流滿面，「撲通」給母親跪下。

我終於大學畢業了，參加工作了，到一個中學當教師。當我把第一個月的工資交到母親的手裏時，我心裏十分難受。看到年邁的母親，還起早摸黑，洗鍋抹灶；燒火做飯，縫衣洗褲，勞勞碌碌，我心裏就有一股說不出來的滋味。我想，就是這樣來報答母親嗎？就是這樣來報答母親的養育之恩嗎？慚愧呀，為什麼別人的母親生活幸福，而我的母親卻不能呢？為什麼別人的母親能安度晚年，而我的母親卻不能？我一遍一遍拷問自己：你是一個有血有肉的男子漢嗎？你兌現了對母親的諾言了嗎？你讓自己母親過上好日子了嗎？你盡到了一個做兒女的責

任嗎？

　　4.感性活動：責任者

　　通過這個感性活動，更讓學員感到身上的責任重大。

　　⑴第一責任人：彎腰，舉起雙拳不斷用力向上打出，嘴裏喊著：「我是責任者！」繞場一周；

　　主訓師斥責：你是責任者嗎？你承擔了對父母親盡孝的責任嗎？你承擔了對妻子的責任了嗎？你承擔了對孩子的責任了嗎？你沒有！你不是責任者！

　　⑵第二責任人：雙手鉤住第一責任人脖子，身體壓在第一責任人背上，嘴裏共同喊著：「我是責任者！」繞場一周；

　　主訓師斥責：你不是責任者！你是一個懦夫！你沒有承擔起對家庭的責任！你弟弟妹妹爲了幫助家裏，十幾歲的孩子，遠離他鄉打工，每天干十幾個小時，經常頭暈眼花，營養不良，可他一角錢、一元錢地往家寄。你這個做哥哥姐姐的知道嗎？忍心嗎？你是一個責任者嗎？你不是，你是一個懦夫！

　　⑶第三責任人：雙手扒在第二責任人肩上，身體壓在其背上，嘴裏共同喊著：「我是責任者！」繞場一周；

　　主訓師斥責：你不是責任者！你是笨蛋！你沒有承擔起對家庭的責任！你爺爺奶奶，幾十歲的人，爲了幫助家裏，竟還在下地幹活，每天起早摸黑，勞碌奔波。一天，在工作中扭傷了腰，臥床不起，可他爲了省錢，不吃藥，忍著痛，你知道嗎？你是一個責任者嗎？你不是，你是一個笨蛋！

　　⑷第四責任人：雙手扒在第三責任人肩上，身體壓在其背上，嘴裏共同喊著：「我是責任者！」繞場一周；

主訓師斥責：你不是責任者！你去死吧！你沒有承擔起對家庭的責任。你父母爲了幫助家裏，瞞著家人，偷偷跑到醫院去賣血，用賣血的錢幫助你交學費。可你，爲了自己讀書，爲了自己出路，竟一個勁地向父母要錢，你良心在那裏？責任在那裏？你不是責任者！

◎ 祈求

1.訓練前準備

(1)學員分小組列縱隊，席地而坐；

(2)學員單數組確定爲 A 組，雙陣列確定爲 B 組；

(3)學員入靜，放鬆，深呼吸；

(4)台下燈光略暗，臺上燈光略明，哀傷淒婉的音樂響起。

2.引言

幾年前，有一位學員家庭，非常地艱難，父親臥床不起，母親改嫁他鄉，留下一大筆債務。正在上高中的姐姐，因交不起學費，輟學在家。父親和女兒還有一個小弟三人相依爲命，艱難度日。爲了撐起這個家，姐姐只好外出打工掙錢。弟弟把姐姐送到村口，依依不捨。姐姐說：「弟弟，懂事的孩子，爸爸就靠你侍候。姐姐去打工，年底一定回來和你們過團圓年。到那時，你到村口來接我，很遠看著回來的我，如果是高高地舉起手，就表明我掙到很多錢，到那時，家裏的欠債可以還清，爸爸的病也有錢治療，弟弟你也可以上學了！」弟弟點著頭，含著淚，目送遠去打工的姐姐。

弟弟回到家，把姐姐的話告訴爸爸，父子倆抱頭痛哭。過

後，病重的父親天天爲女兒的平安祈禱，年小的弟弟日日爲姐姐早日回來而祈求。父子倆天天盼呀、望啊，盼望著姐姐舉起手回到家。可盼星星、盼月亮，秋水望斷，眼睛望穿，不見姐姐的身影。

父子倆艱難地挨到年關，別人家放著鞭炮準備過大年，可他們家沒錢買鞭炮，淒淒慘慘地守望著。姐姐沒望來，卻來了一屋子的討債人。他們坐在屋子裏，有的兇神惡煞，有的如狼似虎，說：「生病就想賴賬！就是死了，兒女也得還！」父親聽到這些話，悲憤交加，心如刀割。

弟弟沒辦法，哭著跑到村口，大喊：「姐姐，快回來，爸爸等你把手舉起來！爸爸等你把手舉起來！」

3.示範

(1)由一男一女兩位做「祈求者」活動示範的小組長，走上台來，相距一米，相向站立；

(2)並指出女性爲你心中的姐姐，即「成功天使」；男性爲你心中的小弟弟，即「祈求者」；

(3)「祈求者」向「成功天使」祈求；

(4)主訓師解說：

上天啊，我跪下來向你祈求，你若有眼，就看看我們家的困境，把手舉起來，給我們指一條路吧！

上天啊，你若有耳，就聽聽我們的哭嚎，把手舉起來，給我們一個成功的機會吧！

上天啊，你若有情，就發發慈悲，我們在用淚、用血、用生命向你祈求。

4.引導

　　在一個偏僻的小山村，住著一戶相依爲命的孤兒寡母。母親靠撿破爛把兒子養大成人。兒子長大離開家，把老母親一個人留在那個茅草房裏過日子。有一天，兒子回到家，母親看到久別回家的兒子愁眉苦臉，就問兒子:「孩子，你在外面還好嗎？有什麼難處說給媽聽，看媽能幫你麼？」兒子望瞭望母親，痛苦地說:「媽，我的媳婦得了一種怪病，馬上就要死了，醫生說，如果找到一個人的心臟，讓她配藥吃，就能救她的命。媽媽，我該怎麼辦？」母親聽到兒子訴說，明白兒子的意思，悄悄來到廚房，拿起菜刀就把自己血淋淋的心臟取下來，捧在手上，送給兒子，說:「孩子，你就把媽的心拿給你的媳婦吃吧！」

　　兒子拿到媽的那顆滾燙的血淋淋的心，急忙出門送給媳婦吃。不料，被門檻絆倒在地，那個被摔出很遠的媽媽的心，在說:「孩子，你摔疼了嗎？你快爬起來趕路，你的媳婦在等你。」

　　此時此刻，我想起了我的母親。

　　我，三歲那年，由於營養不良，體弱多病，患上了哮喘病。一天，喘得特別嚴重，白天好一點，晚上更厲害。媽看我不行，趕緊背起我，借著月光，走山路，來到衛生所。當時，媽身上沒有錢，而醫院裏，沒有錢就不讓住院，也不搶救。媽急得哭起來，跪下求醫生:「行行好，救救孩子！救救孩子！」那醫生被媽媽求軟了心，答應先搶救孩子，醫療費由媽媽幫助醫院做飯、洗衣服抵債。

　　媽媽，每天清晨就得到每個醫生的房間，取那些髒衣服來洗。那時正好是冬天，河裏的水冷得刺骨。媽媽把衣服拿到河

裏去洗，一雙手被凍得發紫，回來時，還要照料我，護理我，那次，足足住了半個月院，我的病基本上得到控制，總算撿了一條命。

媽媽，沒有你，就沒有我；沒有你，我就活不到今天！

5.感性活動：祈求

(1)A、B組學員相向站立，相距一米；

(2)燈光略暗，哀傷音樂響起；

(3)A組學員爲「祈求者」，向B組學員「成功天使」祈求；

(4)B組學員爲「祈求者」，向A組學員「成功天使」祈求。

※魔鬼訓練　島嶼新生

項目簡介：

在遊戲中可以幫助大家體會到公司不同層次的管理人員所承擔的責任以及公司內不同角色的員工應該抱有什麼樣的工作心態，同時也強調了互相溝通與合作精神的重要性。

人數：30人

時間：20分鐘

場地：空地

用具：準備蒙眼睛的布及佈置島嶼分佈的紙張、器材等，不同島上的居民的角色說明書及任務說明書等

訓練步驟：

1. 將所有成員分成 4 組。其中：

(1)一組成員扮演健康人島上的居民，都是健康人。

(2)一組成員扮演瞎子島上的居民，他們是瞎子，能說但看不到。

(3)一組成員扮演啞巴島上的居民，他們是啞巴，能看但不能說。

(4)一組成員扮演人造渡船。

2. 角色分配好之後，接下來全體成員的目標是要將不健康的人轉移到健康人島上。

3. 注意：

(1)不能登上「島嶼」。

(2)不能說話，在內部可用其他方式溝通，對外部不能溝通。

(3)一旦「人造渡船」搭成後，每個成員腳不能移動。

(4)全體成員可以搭建一艘「渡船」，也可搭建兩艘「渡船」。

4. 由培訓師帶領學員討論下列問題：

(1)遊戲一開始各小組是什麼樣的狀態？這種情形為什麼會發生？

(2)這個遊戲給我們企業經營管理帶來什麼樣的重要啟示？

訓練要點：

1. 在實施本遊戲的培訓中，很多小組在遊戲的一開始就陷入了類似我們企業經常發生的情景——他們都在考慮解決與本

身最相關的任務，而將整體目標「大轉移」了，甚至遺忘了；健康人最健康卻沒有起到最關鍵的領導、協調、溝通的作用，啞巴與瞎子之間沒有想辦法交流，也沒有想辦法主動地與健康人交流；人造渡船是實現「大轉移」目標的工具，他們卻站在一邊哈哈大笑，他們在笑啞巴不能說話，只顧忙著自己的事情，也在笑瞎子看不到的樣子。他們知道自己具有重要的疏通作用，卻向本身比較痛苦的啞巴、瞎子索要「渡船費」。有趣的是還有人提出來先渡「美女」。

2. 當所有的遊戲結束時，各小組反思一下為什麼開始時會互相埋怨，互相指責。當我們談到健康人代表著企業的高層、啞巴代表企業的中層，瞎子代表企業的基層員工，人造渡船代表企業中的行政部門時，學員們頓悟。

3. 沒有良好的溝通和合作就無法完成這個遊戲。工作中溝通和合作精神的重要性可見一斑。

附件：參考角色說明書及任務說明書

小組 1：健康島居民

你們小組在輪船失事後，漂流到了「健康島」，你們必須完成以下兩項工作任務。

任務一：在你們島上發現有 3 個「土著人」陷於「沼澤地」，你們的任務是用「小竹排」安全地把 3 個「土著人」救出「沼澤地」，到達「乾草地」。遊戲規則如下：

1. 你們小組 3 人扮演「土著人」，3 人扮演「營救人」，「營救人」與其中一個「土著人」會駕駛「小竹排」。

2. 由於語言不通，「土著人」懷有敵意，因此不論在「沼澤地」、「小竹排」和「乾草地」任何一處，如「土著人」多於「營救人」，「營救人」就會被傷害。

3.「小竹排」一次最多只可以載 2 人。

任務二：將「啞巴島」與「瞎子島」上的團隊成員根據遊戲規則引渡到「健康人島」上來。

小組 2：啞巴島居民

你們小組在輪船失事後，漂流到了「啞巴島」。在你們島上的小組人員因漂流疲勞，全體人員暫時「失聲」，不能講話。你們有兩項任務：

任務一：用三張報紙做兩艘「救生船」，「救生船」要營救傷患，所以需要有較好的避震性能。檢查的方法是在「救生船」中放一個雞蛋，從 1.5 米處自由墜落，以雞蛋不破為準。

任務二：指導「瞎子島」的人員完成任務後，通過「人造渡船」引渡到「啞巴島」，最後與你們島上的人一起到達「健康人島」。

小組 3：瞎子島

你們小組在輪船失事後，漂流到了「瞎子島」。在你們島上的小組人員因海水刺激，全體人員暫時「失明」，不能看見任何事物。你們的任務是：

1. 每個人在島上尋找一個可以使眼睛複明的「仙人球」(本任務由培訓師告之)。

2. 你們每個人必須親自把手中的小球拋進紙盒裏，才可以「複明」，搭乘「人造渡船」離開「瞎子島」。

小組 4：人造渡船

你們小組在本遊戲中的任務是：用人體搭建「人造渡船」，運送 3 個島嶼的人員到達求生的目的地。

※魔鬼訓練　四級自信模式

項目簡介：

自信的人總是那些能堅持自己原則，按照自己的價值觀生活的人，但是堅持自己和尊重別人是否會發生衝突呢？本遊戲就將求證這一點。

人數：30 人
時間：50 分鐘
場地：不限
用具：寫有四級自信模式的紙板

訓練步驟：

1. 將所有人分成兩人一組，讓其面對面站著，間隔兩米左右。

2. 讓兩個人一起向對方走去，直到其中有一方認為是比較適合的距離(即再往前走，他會覺得不舒服)停下。

3. 讓小組中的另一個，比如說 B，繼續向前走去，直到他感覺不舒服為止。

4. 現在每個小組都至少有一個人覺得不舒服，而且事實

上，也許兩個人都會覺得不舒服，因為 B 覺得他侵入了 A 的舒適區，沒有人願意這樣。

5. 現在請所有人回到座位上去，給大家講解四級自信模式。

6. 將所有的小組重新召集起來。讓他們按照剛才的站法站好，然後告訴 A(不舒服的那一位)，現在他們進入自信模式的第一階段，即很有禮貌地勸他的同伴離開他，比如:「請你稍微站開點好嗎？這樣讓我覺得很不舒服！」注意，要盡可能地保持禮貌，面帶微笑。

7. 告訴 B 們，他們的任務就是對 A 笑笑，然後繼續保持那個姿勢，原地不動。

8. A 中現在有很多人已經對他的搭檔感到惱火了，他們進入第二級自信模式，有禮貌地重申他的界限，比如:「很抱歉，但是我確實需要大一點的空間。」

9. B 仍然微笑，不動。

10. 現在告訴 A 們，他們下面可以自由選擇以何種方式來達成目的，但是一定要依照四級自信模式。要有原則，但是要控制你的不滿，儘量達成溝通和妥協。

11. 如果你們已經完成了勸服的過程，互相握手道歉，回到座位上。

12. 由培訓師帶領學員討論下列問題:

(1)當別人跨越到你的區域來的時候，你是否會覺得很不舒服？如果別人不接受你的建議，離你遠一點，你會有什麼感覺？

(2)是不是每一組的 B 都退到了 A 足夠滿意的距離之外，是不是有些是 A 和 B 妥協以後的結果？

(3)有多少人採用了全部的四級自信模式？有沒有人只採用了一級，對方就讓步了？有沒有人是直接跳到了第四級，比如說破口大罵的？

訓練要點：

1. 由於個性、文化、倫理道德觀不同的人對於彼此之間距離的忍耐程度是不同的，比如說阿拉伯人喜歡跟人靠得特別近，而西方人則習慣於與人保持一定距離，所以經常會看到阿拉伯人進一步，西方人退一步，阿拉伯人追著西方人跑的現象。

2. 實際上，只要大家可以平心靜氣地進行溝通，這些問題都不是不可解決的，關鍵是要克制住你的不滿情緒，理解對方。

3. 尊重對方並不等於忽視自己的權益。如果對方好像上述遊戲中的 B 似的，那麼我們所要做的就是在有禮貌的溝通的基礎上堅持自己的原則。

附件：四級自信模式

第一級：通過有禮貌地提出請求，設定你個人的界限或邊限。

注意：這不是宣稱你的道德高尚！只是對你的需要的簡單、誠實的表達。為了使它能得到尊重，請使用下面的表述方式：「……你介意嗎(頓一下)？我覺得……。

第二級：有禮貌地再重申一次你的界限或邊界。

你可以不得罪任何人，而堅持你的需要！事實上，你不必出言不遜就可以做到。你可以考慮這麼說：「很抱歉，我真的需

要……」(提示：你第一次請求之後對方沒有退讓的事實，將會使這第二次請求的語氣有所不同——儘管它還是以和善的方式，但增加了許多力量！)

第三級：描述不尊重你的界限的後果。

「這是對我很重要的事。如果你不能……我就不得不……」注意，你的後果也許只是簡單地走開，否則將會更難堪。但要注意：大多數人在這個時候通常會選擇放棄，即使這個需要對他們的健康和心態至關重要！我們大多數人害怕採取堅持的態度。然而，有時我們必須採取行動保護我們的界限或邊界不受「侵犯」，這是事實。

第四級：實施結果。

「我明白，你選擇不接受。正如剛剛所說的，這意味著我將……」你可以直接走開，讓對方直接看到你的行動。

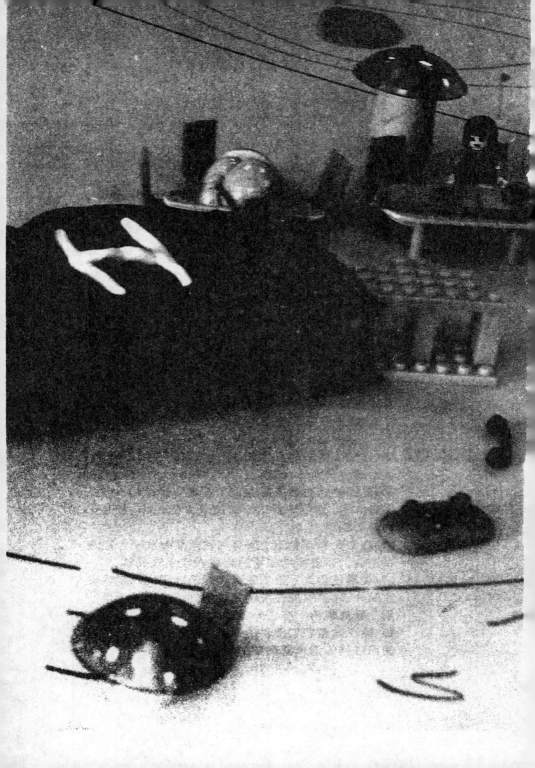

第九章

戶外培訓遊戲案例

1 空中抓杠

項目簡介：

　　本訓練是一個操作較困難的項目。它能夠幫助學員建立臨危不懼的自信心，挖掘自身的潛力；培養心理調節能力，增加自我控制能力和自我管理能力；提高勇於把握機遇的膽略。因此，本遊戲特別適合於基層員工和基層管理人員參加，通過他們的奮力一躍，挑戰自我心理極限。

人數：20 人左右

時間：共約 60 分鐘

場地：室外

用具：固定子地面的高約
10 米的樓梯，相應的安全設施
（保護繩、安全帶、頭盔等）

訓練步驟：

1.學員糸好保護繩、戴好安全帶、頭盔等保護設施，所使用的保濕繩和安全帶應可以承受 2 噸左右的沖墜力。

2.學員在週全保護下依次獨立爬上約 10 米高的樓梯，站穩後，雙腿同時用力蹬出，雙臂前伸，抓住掛在上前方約 2 米的單杠。

3.在項目過程中，經驗豐富的培訓師會隨時保護學員的安全。

4.所有學員訓練結束後，由培訓師帶領學員討論本訓練的感受和啓示。

訓練要點：

1.不要給自己設立上限，應該敢於挖掘自己的潛能，實現更高的目標。只需要下定決心，就可以完成看似不可能完成的任務。你惟一所要做的就是躍起，緊緊抓住目標。空中飛騰的刹那間你會明白，原來成功離你只有一步之遙。

2.做決定時果斷是一種優勢，在樓梯上站立的時間越久，

樓梯抖動得就越劇烈，而跳躍的勇氣就越來越小，患得患失才是成功最大的敵人。這就是我們經常說的「當十全十美的計畫出爐時，十全十美的機遇已經溜走了」。

　　3.隊友的鼓勵對於實現目標相當重要。如果沒有隊友的鼓勵，可能爬到中途就半途而廢了。

　　4.這種看似很容易的遊戲卻讓許多人望而卻步，或是臨陣脫逃。原因何在呢？主要是因為我們很多時候很難戰勝自己。捫心自問：生活中，我們給自己規定的極限是否大大低於實際上能夠達到的程度？對於想要達到的目標我們是否竭盡全力了？在生活與工作中，我們往往要面對很多機遇，做出許多抉擇，作抉擇需要的是勇氣，把握機遇需要的是決心。但很多時候我們站在原地考慮所有的利弊，考慮了太多的「萬一」，讓機遇在我們猶豫不決之時與我們擦肩而過。可當你經過戶外拓展訓練後，你就會發現其實生活中有些事情就像上面的訓練一樣，本來沒有那麼複雜，只是因為我們的心理負擔太重，顧慮太多，以至於事情尚未發生，心理上的困擾早已跑到了事實前面。

2 跨越斷崖

項目簡介：

　　如果平時有人問你能否一步邁過 1.1 米的距離，你可能會覺得有些好笑，那有什麼難？但是，試想一下再把這個距離放到 8 米高空，你腳下踩的是一塊只有 0.3 米寬、1 米左右長的木板，要跨到另一塊同樣細長的木板上，兩者間距雖然只有 1.1 米，你能保證自己心裏一點兒也不打鼓嗎？跨越斷崖就是通過讓你在高空邁過這艱難一步來進行心理訓練的一個好遊戲，它能令你勇氣倍增。

人數： 20 人

時間： 約 30 分鐘

場地： 室外

用具: 一座高空斷橋（高約 10 米、寬 0.3 米、間距 1.1 米），相應的安全設施（保護繩、安全帶、頭盔等）

訓練步驟：

　　1.學員繫好保護繩、戴好安全帶、頭盔等保護設施，所使用的保護繩和安全帶應可以承受 2 噸左右的沖墜力。

2.學員在週全保護下依次獨立爬上 8 米高的斷橋，獨立完成跨越斷橋的任務。

3.在項目進行過程中，經驗豐富的培訓師會隨時保護學員的安全。

4.所有學員訓練結束後，由培訓師帶領學員討論本訓練的感受和啟示。

訓練要點：

1.本項目是對個人心理素質的一種考驗。如果在地面上，這樣寬的距離很容易跳過去，但在高空斷橋上，人們容易受到高空的影響，產生一種恐慌心理。如果我們能夠克服心理障礙，戰勝自己，其實是很容易完成的。這就告訴我們，一件事情如果決定去做，就應該相信自己，不受週圍環境的影響，勇往直前去完成，最後的勝利一定屬於我們。

2.猶豫只會錯失良機，面對困難果斷跨越，超越自我，冶煉人格。跨出的是腳下一小步，超越的卻是人生一大步。

3 訓練定力

項目簡介：

人體皮下有許多敏感的神經末梢，其中，以分佈在腋窩、兩肋、腳心等處的感覺細胞最爲敏感，此處皮膚在受到刺激時會出現奇癢的感覺，令人很難忍受。但是，這種感覺更多的取決於心理因素，而非生理忍受的極限，通過「定力訓練」，可以核對總和提高一個人的自我控制能力。

人數： 20 人

時間： 30 分鐘

場地： 室外

用具： 一些細草莖或草穗(禾本科草穗，俗稱「毛毛狗」)

訓練步驟：

1.讓同性在受訓者身上抓癢，並記錄時間，看看誰堅持的時間最長。

2.如果受訓者不同意接受如此直接的接觸方式，可以採集一些細草莖或草穗(禾本科草穗，俗稱「毛毛狗」)，在受訓者面部、頸部等處輕輕滑動，設法讓對方身體很癢，同樣可以達到訓練效果。

3.所有學員訓練結束後，由培訓師帶領學員討論本訓練的感受和啓示。

訓練要點：

人類先天就會有個體差異，有人天生就怕癢，這多少會對測試結果有一定的影響。但是，此訓練項目並不是比賽，而是通過訓練，讓大家明白心理作用對肌體的影響。

4 跨越緬甸橋

項目簡介：

緬甸橋是由一根走繩和兩根扶繩組成的鋼絲橋，長約 30 米，離地面 7 米。一次最多可讓 3～5 位隊員同時行走，要膽大心細。

本項目可以鍛鍊勇氣，讓員工克服恐高症及膽怯心理，體驗雜技中走鋼絲的感覺，更可認識到面臨絕境的時候，沉著、冷靜是化險為夷的制勝武器！同時錘煉員工堅忍不拔的品質和應具備的自我完善的精神以及永不放棄、追求勝利的自信心。

人數：15 人

時間：1 小時

場地：室外

用具：長約 30 米的鋼絲繩 3 條，保險衣、保險繩、保護網等

訓練步驟：

1.將學員隨機分成三組。

2.學員在培訓師的要求下穿戴保險衣和保險繩，站在鋼絲繩的一邊，腳踩一根鋼絲，兩隻手分別抓住兩側的鋼絲繩，行進到鋼絲繩的另一邊。分組進行比賽。

3.最快到達另一端的爲勝。

4.所有學員訓練結束後，由培訓師帶領學員討論本訓練的感受和啓示。

訓練要點：

生活、工作中每一件事情都猶如這樣一座橋，目標就在橋的那一頭，走緬甸橋的過程就恰如我們面對困難又克服困難的心路歷程，從「我怕，我能行嗎？」到「我試試」，從「我不行了，我挺不過去了」到「堅持、再堅持」，直到我們取得最終的勝利。在面對困難時要堅持下去、永不放棄，一旦自身失去了自信心，任何人都幫不了你。無論前面的路有多艱難，一定要有足夠的耐心和毅力，只要堅持就能迎來勝利。

同時這個訓練也告訴我們在你即將取得成功的時候往往也是你最困難的時候，這時需要一種信念的支撐，更要在環境的

壓力和自我的猶豫不決中尋找平衡，無論面臨怎樣的風險和動盪，我們都別無選擇，只有**繼續**向前才是最安全的。目標也許離你很遙遠，但只要你**繼續**保持平穩積極的心態，像最開始時那樣充滿信心，你最終就可以取得成功。

5 天梯懸降

項目簡介：

天梯懸降，就是在培訓師的指導與保護下，利用繩索由岩壁頂端下降，感受一步一步走向懸崖、走向生命「邊緣」的一刹那的感覺；感受高空墜落前的瞬間！學員自己掌握下降的速度、落點，以到達地面。天梯懸降並不需要嚴格的專業技巧，但只要開始下降，就無法退縮，必須克服恐懼與障礙，堅持到底，從自我激勵、自我控制到超越自我，最終走向成功。

本項目屬於高心理挑戰的科目。挑戰心理恐懼，體驗與自己抗爭以及成功的樂趣，讓學員重新認識自己，從而增強學員的自信心。用天梯懸降的訓練方法來對自信心缺乏或懦弱者進行強化訓練效果非常明顯。

人數：20 人

時間：30 分鐘

場地：室外

用具：8 米、10 米、12 米高的岩體，保險繩 2 副，大麻繩 2 副，頭盔 4 個，手套 10 副，護肘 4 副，護膝 4 副，步話機 4 只，喊話器 2 只

訓練步驟：

1.培訓師宣佈活動規則和注意事項。

2.培訓師協助隊員穿戴安全裝備。

3.培訓師檢查各項安全裝備。

4.第一名學員開始天梯懸降。

5.第一名學員結束後，更換學員，直至第一輪活動結束。

6.培訓師帶領團隊討論總結。

7.第二輪活動開始。

8.最後再一次回顧總結。

9.遊戲結束後，由培訓師帶領學員討論下列問題：

(1)在第一次下降之前，你們心裏有什麼感受？有沒有想過退縮？

(2)在第一次下降的過程中，你們碰到了什麼困難？

(3)第二次下降時，你們是不是沒有第一次那麼慌亂了？爲什麼？

(4)面對困難時，平靜的心理會起到什麼作用？

(5)經過這次的活動，你們從中得到了什麼啓示？你們的心理和身體得到了怎樣的鍛鍊？

訓練要點：

1.活動過程中，要經常檢查安全設施。

2.要確定學員已經真正理解活動的注意事項和行動規則後再開始活動。

3.對於不願意參加活動的學員，不可強求。

4.要不斷鼓勵和讚美學員，爲他們增添勇氣和信心。

5.一定要全面瞭解學員的身體狀況，然後決定學員可否參加活動。

6 溪　　降

項目簡介：

溪降是由溯溪運動發展而來的一項極限運動。它需要運用專業的裝備在懸崖高處沿瀑布下降，相比之下比溯溪運動更加驚險刺激，對參加者的心理和技術要求更高，更富挑戰性。

溪降比較適合在南方的夏季進行，因爲水比較大，而且氣溫較高。一般要求溪谷幽深狹長，溪流成年累月地沖刷沙岩，在上面形成了一個個豎直的縫道。很多溪谷深達 50 米，但入口寬度卻不到 1 米，往往抬頭只見一線藍天，但下到深處卻會發現別有洞天。這些包裹在山腹中的溪谷裏藏有瀑布、深潭、岩

洞、隧道和各種珍奇漂亮的動植物。溪降者每次都會有新奇的發現。溪降是目前國際最爲流行的戶外拓展項目，在落差較高的瀑布溪流中進行。參加者借助保護器、保護繩、頭盔、護目鏡，使用下降器在瀑布或溪流頂端順流而下，既可領略天梯懸降的驚險又可體驗激流迎頭衝擊的刺激。

人數：15 人左右

時間：1 天

場地：有瀑布的溪谷地帶

用具：主繩、下降器、安全帶、鐵鎖、上升器、下降器、頭盔、防水鏡等

訓練步驟：

1.學員學習正確使用攀登保護裝備，包括安全帶、安全帽、鐵鎖、下降器、上升器。

2.學員按順序沿人工懸梯登至下降處等候。

3.由保護教練在下降處進行繩索保護，並再次確認後學員方可下降。

4.在下降過程中，要注意岩石、裂縫、陡坡、水流的衝擊。

5.在熟練掌握了下降的技術動作後，可選擇適宜的落腳點做跳躍動作，並在接近瀑底時，解開保護繩索，輕鬆躍入溪中，充分體驗溪降的樂趣和驚險。

6.遊戲結束後，由培訓師帶領學員討論本訓練的感受和啓示。

訓練要點：

1.永遠不要和已經去過那裏的人去那個溪谷，因爲有他帶路，你就根本沒有機會在降落的過程中探索那些新奇的事物。

2.儘量少知道有關你要去的溪谷的一切，因爲驚喜只可能發生一次，你只需要知道那條小溪在那裏就行了。

3.訓練時最好和那些能夠同心協力的朋友們一起練習，因爲沒有團隊的幫助任何人都較難安然地降下山岩。

7 預防摔傷

項目簡介：

學員跌倒引人發笑和摔傷的區別在於，前者有監護員在場監護，或者隊員知道如何正確摔倒。在那些需要安排監護員或者要求學員瞭解如何正確摔倒的
遊戲開始之前，培訓師應該告訴
大家如何做這個遊戲。

人數：40 人

時間：20 分鐘

場地：一塊平坦的草地

用具：無

訓練步驟：

1.告訴大家，培訓活動中隊員跌倒引人發笑和摔傷的區別僅僅在於，前者有優秀的監護員在場，或者隊員知道如何正確摔倒。

2.向全體人員說明監護員的職責。監護員的主要責任是密切注視訓練進行情況，隨時保護不慎摔倒的遊戲者。讓一個監護員儘量抱住摔倒者的全身不切實際，那樣兩個人都會摔得鼻青臉腫。他的首要任務是迅速做出反應，儘量保護摔倒者的頭部和上身。

3.讓學員知道摔倒方式有正確和錯誤之分。錯誤的摔倒方式會讓人受傷，而掌握正確的摔倒方法則不會。那些不怕摔疼的學員可以走開，去喝咖啡。而那些不能忍受摔疼的學員，需要留下來仔細聽講。

4.告訴受訓者有兩種基本的打滾方式，即前滾翻和後滾翻。

5.解說前滾翻的動作要領。解說詞示例如下：

無論最初姿勢是站立還是下蹲，都可以做前滾翻。如果想依靠右肩向前滾動，則右肩向前傾斜。左臂可以起到平衡作用，但不能作為支撐點。右臂向身體的左前方伸展，掌心對著左膝蓋，和身體呈 45 度角，右肘稍稍彎曲，這樣右前臂就為身體向前翻滾騰出了地方。眼睛向下看左臂，以便頭部處於正確位置——即低頭向下看，同時向左轉頭。然後依靠右肩向前滾動，身體蜷縮，最後，呈下蹲姿勢。前滾翻不是向正前方滾動，而是偏離 45 度角向前滾動。

6.解說完之後，給大家做一個動作示範（當然，培訓師應該知道如何做前滾翻）。

7.每人輪流做一次前滾翻，要求從站立姿勢做起，這樣培訓師才好發現錯誤。

8.重複以上步驟，不過這次依靠左肩向前翻，顛倒口令和動作即可。

9.解說後滾的動作要領。解說詞示例如下：

兩腳站立，兩腿逐漸彎曲，身體微微前傾，臀部將成為身體向後翻轉時的第一個觸地點。利用雙肩向後翻轉，臀部觸地後，雙肩隨即觸及地面，起支撐作用。依靠雙肩完成滾翻之後，用雙手平衡彎曲的身體。

10.解說完之後，再做一次示範動作。

11.要求每個人從站姿開始做一個後滾翻，以便培訓師發現錯誤。

12.然後讓學員們結對兒，練習從站立、走路或慢跑時做前滾翻或後滾翻的動作。

訓練要點：

如果發現有些人不參加這種訓練。那麼，他們將不能參加隨後有摔傷危險的訓練。相反，可以讓他們做監護員。有些人擔心自己被摔傷或者受身體條件限制，不願意參加訓練，不要強迫他們做自己不喜歡的事情，可以讓他們做其他事情——比如幫忙籌備休息時吃的茶點——這樣，他們也都能參與進來。

8 滑翔傘運動

項目簡介：

　　從古至今，人類在不停地探索能夠像鳥兒一樣自由自在飛翔的方法。隨著科技的進步和現代航空技術的發展，人類發明了各種飛行用具，滑翔傘就是其中的一種。因為這種運動新奇、刺激而且又沒有太大的體力限制，在短短數年之間便迅速風靡了世界各地。今天，在世界各地，滑翔傘運動已擁有數十萬的愛好者。滑翔傘最初起源於阿爾卑斯山區登山者的突發奇想。1978 年，一個住在阿爾卑斯山麓沙木尼的法國登山家貝登用一頂高空方塊傘從山腰起飛，成功地飛到山下，一項新奇的運動便形成了，並且迅速在世界各地風行起來。

人數：不限

時間：5 個飛行日

場地：野外

用具：滑翔傘、套帶、安全帽、手套、鞋、飛行服、護目鏡、儀錶、緊急傘等

訓練步驟：

1.學習滑翔理論與氣象常識，瞭解飛行器材以及滑翔傘的結構。

2.熟悉滑翔傘，在地面進行抖傘操縱練習，並且觀察高山滑翔飛行。

3.在幾十米的山坡上練習。

4.在兩三百米高的小山上練習。

5.在五六百米高的小山上練習。

6.在千米的大山上練習。

7.所有學員訓練結束後，由培訓師帶領學員討論本訓練的感受和啟示。

訓練要點：

1.滑翔運動者的基本條件：無心臟病、恐高症和高血壓，發育良好、思維正常且對自己充滿信心。

2.滑翔傘運動雖然簡單、易學、安全性高，但因為是一項在高空中飛行的運動，仍有其潛在的危險性。要想掌握這項運動的精髓，不僅需要體力和技術，而且需要掌握飛行原理、航空氣象、氣流變化、飛行規則等理論知識。如果沒有一位有經驗的培訓師帶領，最好不要輕易嘗試飛行。

9 攀　岩

項目簡介：

攀岩是從登山衍生出的一項運動，是利用人類原始的攀爬本能，借助各種安全保護裝備和攀登輔助器械，攀登峭壁、裂縫、海蝕岩以及人工製造的岩壁。登山者即使選擇最容易的路線攀登幾千米的高峰，在途中也免不了要遇到一些懸崖峭壁，所以說攀岩也是登山運動的一項基本技能。由於登高山對普通人來講機會很少，而攀爬懸崖峭壁相對機會較多，且更富有刺激和挑戰性，所以攀岩作為一項獨立的、被廣大群眾所喜愛的運動迅速在全世界普及開來。攀岩是一項力與美相結合的運動。力是指力量、力度，面對高聳的天然崖壁，缺乏力量是難以將它戰勝的；美是指在下降過程中所表現的柔韌性、靈活性。將力與美完美結合並充分體現，是攀岩運動真正的含義。

　　本活動本身具有高度的挑戰性，能夠給參加者帶來成就感。同時激勵和強化頑強的鬥志、取勝的信念，磨練意志力，培養沉著冷靜的心理素質。在與懸崖峭壁的抗衡中學會堅強，在與大山的擁抱中感受寬容，在征服攀登路線後享受成功與勝利的喜悅。

人數：20人

時間：30分鐘

場地：室外

用具：8米、10米、12米的

岩體，安全帶、安全帽、主繩、

鐵索、防滑粉袋、繩套、攀岩鞋、

下降器及上升器等

訓練步驟：

1.學員在經過基本攀岩技巧

訓練之後，穿戴保護器具，在攀

岩繩的保護下，獨立攀爬天然岩壁，登上岩頂。其間攀岩者面

臨的問題是線路選擇、支撐點確定和技巧與力量的恰當運用。

2.所有學員訓練結束後，由培訓師帶領學員討論本訓練的

感受和啓示。

訓練要點：

1.儘量節省手的力量。攀岩是用手和腳，通過尋找岩面上

一切可利用的支點，克服攀爬者自身的體重及所攜帶器械的重

量向上進行攀登。所有攀爬者應該有一定的手臂、手指、指尖

及腰腹力量。由於手臂力量相對很有限，在攀登過程中，應儘

量用腿部力量，而節省手的力量。

2.控制好重心。控制重心平衡是攀岩過程中最關鍵的問

題。重心控制得好就省力；反之，就會消耗許多不必要的力量，

同時也會影響整個攀登過程。

3.有效地休息。在一條攀登路線中肯定是有些地方簡單，有些地方難，要想一口氣爬完全程比較困難（除非這條線路對你來講很容易）。所以要想爬得高一些，應該學會有效地進行休息，一般是到達一個比較容易的位置，以最省力的姿勢，邊休息邊觀察下一段要攀爬的線路。這一點在比賽過程中顯得更爲重要，因爲正式的比賽，攀登路線是完全陌生的，而且只有一次機會。

4.主動去調節呼吸。初學者往往忽略這一點。攀爬一條路線是一個連續的過程，從一開始就應該主動去調節呼吸，而不應等快堅持不住了再去調整。另外要強調一點，攀岩是一項很具危險性的運動，若裝備品質合格，保護技術過硬，保護人員操作規範、認真，就不會有危險；反之，若裝備有品質問題，保護人員操作不規範、不認真，就容易出危險。因此，攀岩運動中的保護措施是每個參與者都應該時刻注意的問題，而不管他是初學者還是有經驗的老手。

10 飛越激流

項目簡介：

這個項目會使參加者思維活躍、熱血沸騰。它對個人的身體靈活性有一定的要求，此外，還可培養學員的團隊合作、溝通和解決問題的能力。

人數：8 人

時間：30 分鐘

場地：室外

用具：

1. 一棵枝枒很高的大樹

2. 一根粗繩子

3. 兩根 4～6 米長的木條，或是準備兩根繩子和 4 個木樁

4. 一桶水（代表液體炸藥）

5. 準備一些水備用

訓練步驟：

1. 選擇一個高大粗壯的樹枒，在上面繫上準備好的粗繩子。繩子的用處是幫助小組成員「渡河」。繩子要足夠長，以保證參與者能抓著繩子，從「河」的一邊，像盪秋千一樣，飛到

河的對岸。

2.根據飛越的方向，確定「河」的位置和寬度。在標記兩岸的位置上，放上兩根木條，或是用繩子拉出兩根線。如果使用繩子標記河岸，最好先打出 4 個木樁，然後再拉繩子。

3.往桶裏裝水，一直裝到距離桶邊 2 釐米或 3 釐米爲止。

4.講述遊戲開場白。開場白示例如下：

你們在野外勘探稀有金屬和礦石，挖掘工作正在進行中。突然，正在開鑿的岩洞出現部份坍塌。你所在的小組僥倖逃了出來，可是，還有很多成員被困在岩洞中，艱巨的營救工作落到了你們小組的肩上。營救的惟一希望是炸開落下的巨石。你們小組趕回營地，取一桶液體炸藥。現在你們需要快速返回到出事地點。不幸的是，一條佈滿鱷魚的急流擋住了你們的去路。你們可以通過繩子從河上蕩過去，但是在飛越的過程中必須有人要攜帶那桶液體炸藥，而且一滴也不能灑。如果不小心弄灑了炸藥，即便只有一點點，攜帶炸藥的人都必須回去，重新開始。如果有人在「渡河」的過程中不小心碰到了河面，這個人就會被鱷魚吃掉。一旦發生了這種情況，整個小組都必須回到對岸，重新開始。你們面臨的第一個挑戰是繩子懸在河的中央，必須想辦法把它拉到岸邊來。注意，任何人都不許接觸河面。

5.等所有小組都做完遊戲之後，引導學員就團隊合作克服困難等話題展開討論。

訓練要點：

1.爲降低困難程度，可以考慮在繩子末端打一個結，距地

面 1 米左右。這樣學員就可以用兩腿夾住繩結,比較容易地蕩過去。

2.另外,還可以設置完成遊戲的時間限制,告訴隊員岩洞中的氧氣僅能維持一段時間,讓他們必須在規定的時間內完成「渡河」任務。

3.也可以採用體育館內的爬繩在室內開展此類遊戲。

11 登　　山

項目簡介:

本項目在學員自我體能鍛鍊的同時,有助於激發他們對生活與人生的熱愛之情以及戰勝困難的勇氣和信心,練就寬廣而豁達的胸懷。

人數:30 人

時間:1 天

場地:野外

用具:

1.服裝裝備:岩石衣褲、岩石鞋、風雨衣、行囊、防護眼鏡等。

2.技術裝備:安全帶、主繩、輔助繩、鐵鎖、鋼錐等,可根據需要配備一些增效技術裝備,如上升器、下降器、雪橇、

金屬梯、小掛梯、滑車等。

3.日用裝備：起居用品、衛生用品、簡單工具、常備藥品、辨向圖儀器、娛樂用品、紙張文具、照明用具、體育用品、通訊器材、攝影器材等。

訓練步驟：

1.將學員隨機分成三組。

2.講解注意事項，學習正確使用攀登保護裝備，包括安全帶、安全帽、鐵鎖、下降器、上升器的方法。

3.開始登山。最快到達山頂的一組為勝者。

4.遊戲結束後，由培訓師帶領學員討論本訓練的感受和啓示。

訓練要點：

1.強度不宜太大。爬山的強度不宜過大，心率保持在 120 ～140 次/分鐘為宜。爬山是一項極佳的有氧運動，一般每週鍛鍊 3～4 次。據測定，一位體重在 70 公斤的男士，假如以每小時 2 公里的速度在坡度為 70 度的山坡上攀登 30 分鐘，他所消耗的能量大約是 500 千卡，這相當於以每分鐘 50 米的速度在游泳池裏遊上 45 分鐘！或者相當於在健身房裏連續做 50 分鐘枯燥的腹肌練習！

2.吃不下是正常的。適宜的運動強度會使機體的腦胰島素升高。腦胰島素有抑制食慾、增加機體產熱的作用，因此爬山以後常常會感到食慾降低，攝食量下降。這正是吸引眾多辦公

室男性一邊呼呼地喘著氣，一邊揮灑滿臉的汗珠繼續攀爬的原因。

研究顯示，爬山除了在運動時需消耗能量外，運動中體內乳酸及脂肪酸氧化，運動中消耗的糖原儲備的恢復也需要消耗能量。此外，由爬山引起的內分泌變化、體溫升高也可使運動後休息時的代謝率高於運動前，且至少持續 1～2 小時甚至更長時間。

3.不渴先喝水。爬山一般選擇清晨為好。在運動時要注意補充水分。怎樣掌握運動時的飲水量？最簡單的辦法是在滿足解渴的基礎上再適當多飲些，或者在運動前 10～15 分鐘飲水 400～600 毫升，這樣就可以減輕運動時的缺水程度了。飲料應選擇含有適當糖分及電解質，以儘快減輕疲勞感，恢復體力，提高機體的生理機能。

4.前熱身、後放鬆。開始爬山鍛鍊時，切不可一上來就加大運動量，要循序漸進。通常要先做一些簡單的熱身運動，然後按照一定的呼吸頻率，逐漸加大強度，避免呼吸頻率在運動中發生突然的變化。鍛鍊結束時，要進行放鬆運動，這樣才能更好地保持肌群能力，使血液從肢體回到心臟。

隨著身體的運動，大量供應的血液停留在收縮的肌群內，如不及時回到中樞循環，肌群中可能發生血液淤積，損害健康。

12 捆綁行動

項目簡介：

這是一個放鬆性的遊戲，使學員們通過團隊成員之間的充分溝通。促使他們更好地相互瞭解，相互學習。同時通過適當的身體接觸，促進感情的昇華。

人數：20 人

時間：40 分鐘

場地：一條小路，約幾十米長，具體長度取決於障礙物設置的困難程度

用具：一根 30 米長的繩子（能夠把整個小組成員捆 5 圈）

訓練步驟：

1.選定路線。事先把彩色飄帶綁在樹幹或較低的樹枝上，標出路線。如果團隊能夠沿路克服一些障礙，比如一顆倒下的大樹，或者樓梯中的一段臺階，遊戲將更有樂趣。

2.所有人都站好，靠近，整個團隊擠作一團。

3.把繩子繞過所有人捆五圈後紮緊，以不妨礙他們運動和

呼吸為宜。

4.整個團隊沿著指定的小路前進。

5.他們沿著小路前進時，每個人都要展示自己獨特的，或曾經參與過的，或引以為豪的才能或經歷。告訴大家，當他們到達終點時，你將隨意挑選團隊成員轉述別人講過的話。這樣他們就能集中注意力去傾聽別人的話。

6.訓練結束後，由培訓師帶領學員討論下列問題：

(1)訓練結束後，你發現別人有什麼才能？而這些才能是你以前並不知道的。

(2)對於團隊創新，你有何認識？

訓練要點：

密切注視每一個人，保證他們不被絆倒。如果一人不慎摔倒，整個團隊就有可能倒下，緊束的繩子有可能傷及他們。

13 「有口難言」

項目簡介：

本項目進行過程中不能講話，只能蒙眼探險。通過與嚮導的非語言溝通來加強彼此之間的瞭解和信任，增強大家的團隊精神。

人數：15 人
時間：1 小時
場地：一條長 200 米～1000 米的林間小道
用具：每個隊員一個眼罩

訓練步驟：

1.選一段林間小徑，沿路設置一些障礙，比如一些樹枝或者一段樹幹，遊戲將會更加有趣。

2.所有學員都蒙上眼罩，一直蒙著眼睛，直到遊戲結束爲止。同時培訓師要選出兩位學員作爲監護員，始終和學員們在一起。如果有人遇到困難，隨時都能找到培訓師。

3.學員蒙好眼罩後，培訓師開始致開場白：

你們組屬於古城探險隊的一部份，據說古城位於一個與世隔絕的森林裏。調查研究後，你們找到了一個能帶領大家到達

古城遺址的嚮導。通過翻譯費盡週折地解釋，那位嚮導才相信你們的探險是多麼重要，並且同意帶你們去古城。傳說，古城的地面上到處散落著金幣和珍貴的寶石，並且據說如果任何寶物被帶出城外，災難將會降臨到你們身上。因此，只有大家都答應蒙上眼罩，以後不會再找到這條路，嚮導才同意帶路。嚮導不信任你們的翻譯，他不能和大家一起去古城。你們和嚮導的語言不通，因此不能和他進行口頭交流。但是，可以發出其他聲音或者聲響來表達意願，並且每次交流時只能用手碰一名隊員。

4.解說完畢後，拍拍一個學員的肩膀，示意他摘掉眼罩，跟你走開，不讓其他人聽到你們說話。告訴這個人他將充當嚮導，負責帶領整個團隊安全到達目的地(告訴他終點在那裏)。

5.把他帶回隊伍中，告訴學員們嚮導來了，準備出發。行進中有可能發生很多事情，因此大家要做好充分準備。

6.行程結束休息之後，讓學員們原路返回，讓他們看看走過的路，確認一下沿路的聲音都是從何處而來。

7.最後，由培訓師帶領學員討論下列問題：

(1)你們信任那位嚮導嗎？

(2)遊戲過程中都聽到了什麼聲音？

(3)蒙著眼罩走路時，你們有什麼感受？

(4)整個隊伍蒙著眼罩前進時，那些排在隊尾的人有何感受？

(5)在整個行進過程中，你們之間的信任水準是提高了還是下降了？

訓練要點：

1.信任是人際交往的一個重要前提，只有你充分信任你的
夥伴，你才能將事情託付給他，你才能相信他說的話、他做的
事，而只有相互信任，大家才能毫無隔閡、親密無間地合作，
共同將工作做好。

2.在一個風景優美的地方進行這個遊戲，可以幫助大家重
新把心放回到大自然當中，陶冶情操，恢復青春的活力。

14 搭 雲 梯

項目簡介：

這個項目主要用於建立小組成員間的相互信任。雖然遊戲
設計很簡單，但是非常有效。

人數：24 人

時間：60 分鐘

場地：空地或操場

用具：10～12 根硬木棒

（或水管），要求每根長約 1
米，直徑約 0.03 米

訓練步驟：

1.讓每個學員找一個搭檔，讓其中一個人爬雲梯，另一個人作為監護員。

2.給每對搭檔發一根木棒兒（或水管）。讓每對搭檔面對面站好，所有搭檔肩並肩排成兩行。

3.每對搭檔握住木棒，木棒與地面平行，其高度介於肩膀和腰部之間，這樣整個形成了一個類似水平擺放的木梯的形狀。每根木棒的高度可以略有不同，以形成一定的起伏。

4.把選好的爬梯者帶到雲梯的一端，讓他從這裏開始爬到雲梯的另一端。可以讓前端的搭檔等爬梯者通過後，迅速跑到末端站好，用這種方法可以隨意延長雲梯。

5.遊戲結束後，由培訓師帶領學員討論下列問題：

⑴爬梯之前和之後的感受如何？

⑵做「梯子」的時候你有何感受？

訓練要點：

1.要確保木棒表面光滑，以避免劃傷或絷傷爬梯者。確保每個人都能牢牢抓住木棒，千萬不能在隊友經過的時候失手。這是一個用來建立信任的遊戲，如果有人不慎失手的話，喪失的信任感將很難恢復。另外，不允許將木棒舉到比肩膀還高的位置上。

2.可以調整隊形，形成一個弧形的雲梯。

3.可以把爬梯者的眼睛蒙起來——但是不要蒙住做「梯子」

的隊員的眼睛。

15 信任傳遞

項目簡介：

　　本遊戲可以使學員們發揚團隊精神協同工作，讓學員們能夠自然地通過身體接觸來實現情感溝通，增進團隊信任和友誼。

　　人數：30 人

　　時間：20 分鐘

　　場地：空地或操場

　　用具：無

訓練步驟：

　　1.整個團隊分兩列縱隊站立，背對背站好，然後平躺在墊子或沙灘上。

　　2.選隊列前面一名學員作為「旅行者」，讓其他學員把這位「旅行者」托起，沿他們排成的隊形，傳送到隊尾。這是一個能真正體現「人多力量大」的例子。「旅行者」到達隊尾，後面幾個學員托著他的身體下落時，應保證他的雙腳安全著地。

3.遊戲結束後,培訓師帶領學員討論本訓練的感受和啓示。

訓練要點:

這個項目強調了團隊間合作的協調性和被運送的人對下面托住自己的夥伴的信任度。如果你對夥伴不信任,在運送過程中亂動,其實是最容易摔下來的。

16 攀越勝利墙

項目簡介:

這項運動充分考驗了學員之間的團隊協作精神,能夠使他們體會到集體成功的巨大震撼。在這個過程中,最困難的是最先和最後通過的人,中間的人則比較容易完成。因此,一個團隊,最需要的是一馬當先的人和默默支持的人。

時間: 45 分鐘

人數: 20 人

場地: 空地或操場

用具: 高 4.5 米的牆

訓練步驟：

1.要求所有團隊成員通力合作，以搭人梯的方式全部通過高牆，不許借助外物。

2.必須所有人全部翻越高牆才算成功。

3.訓練結束後，由培訓師帶領學員討論下列問題：

(1)你們在訓練過程中碰到了什麼問題？你們是如何對問題進行分解的？每個人的任務是什麼？

(2)那些因素有助於成功完成訓練？

(3)你們遇到了什麼困難？是如何克服這些困難的？

(4)這個訓練揭示了什麼道理？

(5)如何將這個訓練和我們的實際工作聯繫起來？

(6)你和你的隊友，要全體通過這 4.5 米高的牆，你願意甘為人梯嗎？

訓練要點：

要想取得共同的勝利，關鍵在於每一個成員全心全力地付出，甘為人梯，見證整個團隊的成長。在攀越過程中，在搭建人梯時最下面的人可能要承受上面其他成員的重量，一定要做到適可而止，注意安全。

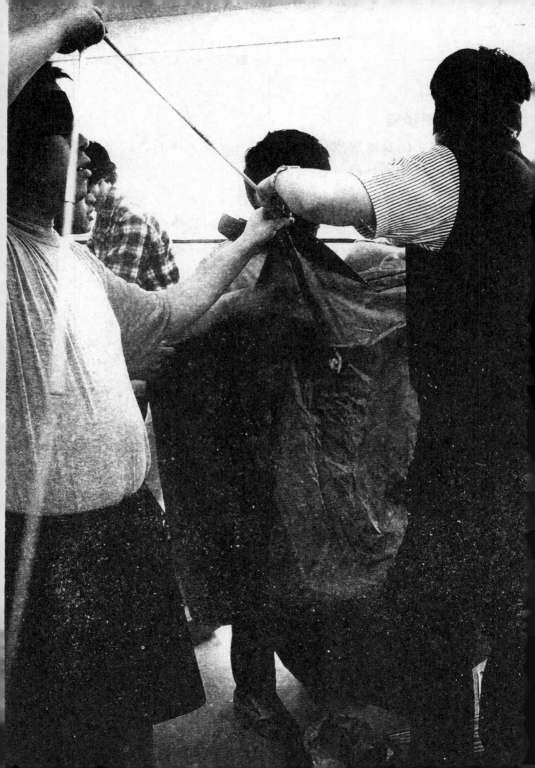

17 無軌電車

項目簡介：

　　本遊戲有助於培養團隊計畫、組織、領導、控制能力，使學員學會運用系統思考的方法來處理問題，培養他們的團隊意識、協作精神、凝聚力和應變能力。

人數：18 人
時間：10 分鐘
場地：平整場地
用具：若干個裝 T 繩索的長木板

訓練步驟：

　　1.將學員分成三組。

　　2.每組成員手拉繩索，腳踩木板，步調一致通過約 20 米的距離。

　　3.速度快者為勝。

　　4.訓練結束後，由培訓師帶領學員討論本訓練的感受和啟示。

訓練要點：

1.這是一個集體協作項目，該活動難點不在於「集體」與「協作」上，而在於大家的默契程度上。順利通過的原則是第一遍得規劃好，第二遍的時候，大家應該遵守第一遍的節奏，這樣才能順利通過。

2.惟有步調一致，才能夠順利前進。默契無間，是高效團隊的特徵。

18 野外生存

項目簡介：

野外生存是一種融認知、行為、情緒訓練於一體的綜合性訓練形式，又是一項需要學員完全自願才能實施的高風險性科目，最宜於專項進行。學員可以學習如何野外定向、建立營地、取火、覓食覓水，讓其結伴生存一段時間並完成一些高難度的任務。

通過該訓練，能使團隊成員感情更融洽，改善人際關係；能夠使參訓者擺脫煩惱，放鬆心理壓力，愉悅身心；利於參訓者重新發現生活的樂趣，調整心態，更好地迎接下一階段的挑戰，再創佳績。本項目還可促使參訓者對人與人、人與自然有

更為清晰的認識，對個人身體、意志進行挑戰，使團隊成員在團隊精神、協作意識方面獲益尤多。在國外，野外生存一直被作為提高情商，增強團隊戰鬥力的重要手段。

人數：20 人

時間：2～3 天

場地：野外

用具：

1.公用：帳篷，炊事用品（爐具、燃料、炊具等），繩索視情況選擇攜帶，專用工具（砍刀、手斧、行軍鏟等），公用藥品（通用藥、緊急救護藥等），膠帶，營地燈，其他集體專用器材（攀岩器材、登雪山器材等），公用食品、營養品，海拔表，指北針，溫度計，地圖等。

2.個人：背包，睡袋，防潮墊，手套，帽子，換洗衣物，墨鏡，頭燈，水壺，個人衛生用品，防曬霜，潤唇膏，攝影器材，望遠鏡，筆記本，筆，個人藥品，打火機，火柴，餐具，乾濕紙巾，便鞋或拖鞋，個人食品，其他雜品等。

訓練步驟：

1.將學員隨機分成三組。

2.講解注意事項，分發相關用具，開始訓練。

3.訓練結束後，由培訓師帶領學員討論本訓練的感受和啟示。

訓練要點：

1.基本技能：換算比例尺、認識等高線、判定方向、標定地圖、確定站立點。

2.團隊精神：

野外生存是表現團隊合作精神的好機會，成功、愉快、順利地穿越要靠集體中每一個人的努力才能做到。尤其在惡劣艱苦的環境中，團隊精神更加重要。

(1)確定一個隊長，並賦予他相當的權力，有民主也要有集中，這點很重要。

(2)明確分工，如：開路、斷後、生火、紮營等事項應由專人負責。

(3)人數較多時要注意行進隊形，隊伍過長容易走失隊友，或有人出現意外而不能及時發現。

(4)所有裝備和給養應根據各人體力及性別進行科學分配背負，以便使隊伍能保持一致的速度。

(5)如有人遇到嚴重的傷病時，整個穿越計畫必須做出應變，全體放棄或部份人帶傷患撤退。

3.徒步行走的基本原理及要領：

徒步行走不單是腿部運動，而是種全身運動，注意通過擺臂來平衡身體，調整步伐，控制節奏。隊員之間應該保持一個合理的距離，一般為 2～3 米，這樣可以避免有人因各種原因暫停，如繫鞋帶、脫衣服、喝水時，暫停隊員與前進隊員不會互相影響。一般情況下，暫停隊員靠右邊停留，前進隊員從左邊

跨過；與迎面而來的其他隊伍相遇時，也是按我右他左的規則，禮貌相讓通過。暫停人員與隊伍的安全距離一般在白天不能超過 10 分鐘或者 200 米以內，夜晚必須在 5 分鐘或者 20 米以內。

　　在行走中，要養成良好習慣，集中精力行走，不要邊走邊笑，打鬧嬉戲，更不能大聲歌唱，這樣不但分散其他成員的注意力，同時還會無謂消耗自己的體能。

　　在上坡時，行走重心應放在腳掌前部，身體稍向前傾；下坡時重心應放在後腳掌，同時降低重心，身體稍微下垂。無論上坡下坡，對於坡度較大的坡段，應走「之」字形，儘量避免直線上下，這是一種相對安全的走法。上下坡時，手部攀拉石塊、樹枝、藤條之前，一定要先用手試拉一下，看看是否能夠受力，然後才去做其他攀爬上下動作。經常有成員因為拉的是枯萎腐爛的樹枝、藤條，而跌倒受傷，導致意外。行走中的休息原則也要講究方法，一般是長短結合，短多長少。途中短暫休息儘量控制在 5 分鐘以內，並且不卸掉背包等裝備，以站著休息為主，調整呼吸。長時間休息以每 60～90 分鐘一次為好，休息時間為 15～20 分鐘。長時間休息時應卸下背包等所有負重裝備，先站著調整呼吸 2～3 分鐘，才能坐下，不要一停下來就坐下休息，這樣會加重心臟負擔。可以自己或者隊員之間互相按摩腿部、腰部、肩部等肌肉，也可以躺下，抬高腿部，讓充血的腿部血液儘量回流到心臟。謹記：休息是主動的、積極的，而不僅僅是躺下休息這麼簡單。

　　徒步行走時，應帶足飲用水，每人每天約 3 升的量，根據天氣情況進行增減，寧多勿少。

19 漂　流

項目簡介：

　　漂流就是駕著無動力的小舟，利用船槳掌握好方向，在水流中順流而下，與大自然抗爭。這是一項勇敢者的運動。現在這項運動越來越被大眾接受和喜愛。在忙碌的都市生活中，人們在尋找一種驚險與刺激，一種區別於平凡生活的獨特感受。在漂流的過程中，山狹水轉，沖漂過壩，激流勇進，一峰過後又一峰，時而大浪撲面，急轉急旋；時而急馳而下，浪遏飛舟。在急流巨浪中搏鬥，挑戰你的勇氣、膽略、毅力，讓你感受無比緊張與刺激，產生無窮樂趣。

　　迎接漂流人員的是一種期待的情緒，期待刺激，期待與自然的搏鬥，期待「驚險」後的輕鬆。它可以提高團隊凝聚力，改善人際關係，挑戰自我，增強個人面對困難的勇氣。

　　人數：15 人左右

　　時間：2 小時

　　場地：野外

用具：漂流筏、防水上衣、漂流手套、背包、水上運動頭盔、收口包、漂流靴、救生衣、船槳等

訓練步驟：

1.請學員自動分組，3～5 人組成一組。

2.培訓師講解漂流的要領。

3.分發有關裝備。

4.開始漂流活動。

5.決出優勝者。

6.訓練結束後，由培訓師帶領學員討論下列問題：

(1)開始漂流之前，你們有沒有就此進行商量、協調？

(2)在遭遇碰撞、翻船等危機時，你們的心情是怎樣的？你們又是如何解決危機的？

(3)在全隊到達目的地的那一刻，你們的感受是什麼？

(4)這項活動對實際生活和工作有什麼指導意義？

訓練要點：

1.出發時，最好攜帶一套乾淨的衣服，以備下船時更換。同時最好攜帶一雙塑膠拖鞋，以備在船上穿。

2.漂流時不可攜帶現金和貴重物品上船，若有翻船或其他意外事情發生，漂流公司和保險公司不會賠償遊客所遺失的現金和物品；若感覺機會難得一定要帶相機的話，最好帶價值不高的傻瓜相機，事先用塑膠袋包好，在平灘時打開，過險灘時包上，而且要做好丟入水中的準備。

3.上船後的第一件事是仔細閱讀漂流須知，聽從工作人員的安排，穿好救生衣，找到安全繩。

4.在天氣氣溫不高的情況下參加漂流，可在漂流出發地購買雨衣。

5.漂流船通過險灘時要聽從工作人員的指揮，不要隨便亂動，應抓緊安全繩，收緊雙腳，身體向船體中央傾斜。

6.若遇翻船，你完全不用慌張，要沉著，因為你穿有救生衣。

7.不得隨便下船游泳，即使游泳也應在平靜的水面游，不得遠離船體獨立行動。

20 紮筏渡河

項目簡介：

這是一項在水上進行的團隊競賽項目。參訓團隊利用若干汽油桶、竹竿和繩索紮成一個漂流筏，讓團隊人員（不少於 10人）搭乘它，劃動船槳在水上行進，團隊人員在最短時間內，安全抵岸爲獲勝者。

人數： 12 人以上

時間： 1～2 小時

場地： 河邊

用具： 汽油桶 2～3 個、約 12 米長的繩索 2 根、竹竿 10～15 根（每組一套）

訓練步驟：

1.自由分組，每組 4 人。

2.每組發 2～3 個汽油桶，2 根約 12 米長的繩索，10～15 根竹竿。

3.宣佈遊戲規則。

4.同一組的隊員穿戴好救生衣後，開始在指定地點利用提

供的紮筏工具和器材紮竹筏。

　　5.紮好的竹筏經預先指定的技術人員認可後方可下水，並只允許利用指定的劃筏工具渡河。

　　6.全隊率先安全到達對岸的小組獲得勝利。

　　7.訓練結束後，由培訓師帶領學員討論下列問題：

　　(1)在紮筏時，大家碰到什麼問題？

　　(2)大家的交流清晰明確嗎？

　　(3)在渡河時，大家的感受如何？

訓練要點：

　　這是一項強烈需要團隊成員配合的項目。它能夠類比團隊的工作方式。團隊分工、計畫、協調、領導等各職能將會在本項訓練中得到集中體現。借助訓練的經驗和感悟提高工作績效。同時，訓練項目可以促進團隊的人際關係更加親密。

21 溯　溪

項目簡介：

溯溪，顧名思義就是逆流而上。其特點與樂趣在於不斷征服一個接一個的急流、瀑布、旋渦，急流勇進、逆水前行。這是一項健康且富有挑戰性與趣味性的團隊項目。它能讓團隊成員切身感受在相互幫助，共渡難關中體現的團隊精神。同時拓展個人與團隊面對困難，面對體力、智力與心理三重壓力的素質。特別鍛鍊團隊的協作能力，培養良好的團隊氣氛。

人數：15 人左右

時間：1 天

場地：野外

用具：主繩、下降器、安全帶、鐵鎖、上升器、下降器、頭盔、防水鏡等

訓練步驟：

1.將學員隨機分成三組。

2.每組學員學習正確使用攀登保護裝備，包括安全帶、安全帽、鐵鎖、下降器、上升器等。

3.最快到達目的地的一組爲勝者。

4.訓練結束後，由培訓師帶領學員討論本訓練的感受和啓示。

訓練要點：

炎熱的夏天爬山要防止中暑，溯溪要防止摔傷、墜崖和滾石砸傷等事故。

1.溯溪和爬山有所不同主要表現在：爬山主要是考驗人的耐力和毅力，相對來說較安全。而溯溪對人的平衡能力及身體的協調能力要求較高，一旦出現失誤容易引發較大的危險。所以，在選擇溯溪的線路時要根據自己的體能狀況、季節、天氣和水流量作爲參考，提高出行的安全性。

2.選擇好天氣。雨天溯溪比較危險，對體能和平衡能力的要求也會隨著水量增加和路況變滑而增加，危險係數可能會增加數倍。一旦有人摔傷，救援工作也較爲困難。連續幾天的暴雨容易發生山洪或山體滑坡，原則上不要在雨天溯溪。

3.存有僥倖心理、個人表現欲強、個人英雄主義作怪是發生意外的主要原因。有些人喜歡在別人面前逞能，有些人看到別人行覺得自己也行，有些人喜歡憑經驗辦事不結合當時環境就去做某些自認爲安全的動作，有些人被個人英雄主義的意念沖昏了頭腦，去冒沒有必要的險，這些都是事故發生的原因。有句話叫作「不怕一萬，就怕萬一」。生死有時只是一念之差。

4.走高危線路、個人的身體狀態不佳、受他人或外界條件影響、滾石滑坡等，也是發生意外的原因。走高危的線路對裝

備和個人能力要求應該更加嚴格，尤其在天氣環境惡劣的情況下絕不能心存僥倖的心理，拿生命去開玩笑。為了減少在高危線路上的事故發生率，最好少召集和參與這類線路上的活動。

5.領隊的能力和安全意識也是不可忽視的。領隊首先要有較強的安全意識，在能力範圍內能冷靜地引導他人避險。領隊最好能對所走路線比較熟悉，那些地方容易發生危險，那些地方需要有人看守、協助，那些地方距離不能靠得太近等等都要做到心中有數。對不同的線路人數規模要有所限制和選擇，對隊伍的行進節奏要能控制自如，裝備不符安全要求的人拒絕參加活動，對一些違規行為要堅決制止。同行人員必須無條件聽從領隊的指揮。

6.領隊選擇好能讓你信任的領隊助理也是安全活動的重要環節。隊伍前、中、後都應有協助人員，這樣可以減少領隊不必要的來回跑動。有效的人員分工與合作能夠提高工作效率，使整個隊伍多而不亂，快而不擠，慢而不散。前、中、後隊應始終能夠保持有效的溝通，這樣可以減少迷路、前後隊脫節等事故的發生。

7.必要的裝備。鞋子是最重要的，溯溪鞋子選擇不好會影響你的速度和身體的協調性，對你的安全存在很大隱患。最好帶上兩雙鞋，一雙溯溪鞋，一雙軍用膠鞋或其他防滑性能較好的鞋子，以作備用。

8.減少負重。負重過量會影響你的平衡能力，影響你應急時的速度和協調能力。

9.激烈運動後不要馬上去泡水，這樣可能會給自己身體留

下後遺症。

　　10.訓練過程中，專門的器械、技術必不可少，同時更要依靠隊友之間的傾力配合。由於自始至終在水中行進，時而膛，時而游，往往不長的一段溪谷也要歷盡艱辛才能穿過。由於溯溪所涉及的地形複雜多樣，不同的地域須用不同的裝備，選擇不同的方式進行，因而使得這項運動充滿了各種變化和未知數。溯溪極具挑戰性，溯溪者需要去挑戰急流險灘、深潭飛瀑，克服艱難險阻。它要求同伴之間密切配合，去完成艱難的攀登旅程。對於溯行者來說這既是一種考驗，也是一種成就，相信自己也要相信同伴，付出艱險更會得到滿足。在與峽谷溪流搏擊後，可在激情與沉靜交替間，沉醉於藍天碧水，感受著生命的躍動與安寧。峽谷最引人入勝的魅力，莫過它的神秘氣氛。兩岸樹木、古藤參差蔥郁，峭壁飛瀑洋溢著原始的芬芳，溪谷中的寧靜和涼爽感更是最高的享受。

22 矇眼搭帳篷

項目簡介：

這項活動訓練了學員以小組爲單位有效地解決問題的能力，讓他們明白在有限的資源和能力下，如何有效地進行計畫、組織、協調和控制。

人數：30 人

時間：1 小時

場地：室外

用具：以下用具每組一套

1. 1 個小帳篷（最好是小型的圓頂帳篷或是用繩子和釘子架起來的雙人帳篷）

2. 1 把錘子（如果搭帳篷需要釘釘子的話）

3. 1 個急救箱

4.每個學員一塊蒙眼布

訓練步驟：

1.把學員們分成 10 人一組，給每個小組分配一個監護員。讓各個小組分散開，這樣保證每個小組都有自己充足的活動空

間。

　　2.給每個隊員發一塊蒙眼布，讓大家都把自己的眼睛蒙起來。

　　3.大家都把自己的眼睛蒙起來之後，在每個小組面前放上一個裝在包裝袋裏的帳篷。

　　4.每個小組開始搭建帳篷。

　　5.等所有小組都搭好帳篷之後，或是在你認爲活動應當結束的時候，宣佈遊戲結束，並引導大家就溝通、教學技術、衝突解決、領導、授權等遊戲中涉及到的問題展開討論。

訓練要點：

　　帳篷不要過大，小型的、搭建複雜度適中的帳篷比較適宜。如果帳篷可以折疊起來，放入一個小包裝袋就更好了。在遊戲開始前，不要讓任何人看到帳篷。

　　如果在搭帳篷的過程中用到了釘子，要注意防止出現釘釘子時被錘子砸傷手，或是被釘在地上的釘子絆倒的情形。同時要注意防止大家被搭帳篷用的繩子絆倒，通常在搭帳篷的過程中，繩子會落得到處都是。

23 十二項經典歷奇活動

活動之 1：發射火箭

1.活動目的：

①培養及發揮團隊合作精神，提升小組解決問題的能力。

②促進小組成員之間的溝通與瞭解。

③挖掘小組成員的潛力，訓練小組的協商及決策能力。

2.人數：10～15 人。

3.所需時間：20～30 分鐘。

4.場地要求：戶外或室內場地均可。

5.器材：

①直徑 40 釐米的呼啦圈 6～8 個。

②封箱膠布。

6.活動操作：

①把 6～8 個呼啦圈整齊排列成一行,呼啦圈間距以學員邁開大步的距離設定，排好後用封箱膠布固定在地面上。

②告訴學員他們已被挑選為太空員，現在正在太空船上，接到總部通知，所有宇航員都將通過眼前的減壓艙到太空漫步。減壓艙很特別，所有組員必須手拉手圍成一圈，通過每個減壓艙的時候，不能少於 2 只腳或多於 4 只腳，否則將觸動警

報，重新開始。

7.討論

①在活動過程中，你感覺到什麼是最重要的？為什麼我們一直都在堅持，直到完成呢？

②這個活動的成功經驗，對我們有何啓發？

8.技巧變化：

學員能力高可以加大難度，比如：組員動作太大，造成減壓艙變形，也將觸動警報，重新開始；去到終點後要組員反手拉成一圈返回太空船也是一種辦法。

9.注意事項：

◇呼啦圈所設的間距是活動高素質與否的關鍵，距離太近，感受不深；不要擔心學員的失敗，用 10～15 次左右嘗試才成功是正常的。

◇注意不要讓學員用腳把呼啦圈之間的間距縮小，否則失去活動的體驗意義。

活動之 2：無間道

1.活動目的：

①增強協商和解決問題的能力；提升合作精神。

②反省與人合作的過程，促進遵守規範和溝通能力的提升。

2.人數：10～15 人為一組，有 2～3 組或以上最佳。

3.所需時間：30 分鐘。

4.場地要求：平地。

5.器材：乒乓球；約 50 釐米長可以容納乒乓球穿過的 PVC

管，水管的兩頭用有色電工膠布，設定兩個雙手不可以超越觸
碰的位置。

6.活動操作：

①參加者每人分發一根 PVC 管，每位組員雙手緊握 PVC 管
時，不能越線；每組通過 PVC 管在儘量短的時間內將乒乓球運
送到目的地。

②乒乓球在那位組員的管中，他的雙腳不能移動；若乒乓
球掉下來，必須重來，直至運送到目的地。

7.討論

①在小組中決定運送乒乓球的方法是如何產生的？你是否
有提過建議？

②當你的意見和別人的不同時，你有何感受？

③你是否滿意自己在小組中與其他參加者的合作？爲什
麼？

8.技巧變化：

①輔導員可按參加者的能力，要求組員排成直線、圓形或
其他形狀的隊伍進行，以增加活動的難度。

②除可以用 PVC 水管外，還可用舊的報紙雜誌卷成筒狀。

9.注意事項：

◇清理現場障礙物，確保參加者安全。

◇爲保證參與的有效性，可以要求 PVC 水管不能碰地。

◇導師要提醒參加者保持小心，以免 PVC 水管弄傷他人。

活動之 3：巧用氣球

1.活動目的：

①熱身階段促進組員互相熟悉與瞭解。

②加強組員間的合作，加速團隊的形成，提升小組動力。

③促進小組領袖的產生。

2.人數：10～15 人為一組，有 2～3 組以上最佳。

3.所需時間：10～20 分鐘。

4.場地要求：戶外。

5.活動操作：；

①氣球列車——組員排成一行，雙手交叉放在胸前，輔導員在每兩個人腰間放一個氣球，導師發佈「開始」命令後組員必須夾著氣球走至終點，途中若有氣球掉下，必須回到起點重新開始。

②環型氣球——組員圍圈坐，組員間均夾著氣球，順時針或逆時針轉動。

③彩虹追月——讓組員把吹好的氣球，在統一口令後一起拋向空中，組員不能碰自己的氣球但可以碰其他的氣球。在全組人的努力下維持氣球在空中時間最長的一組為勝。

6.討論

①控制自己的氣球容易，為何一齊控制組內所有氣球時就比較困難？後來我們是怎樣做到的？

②剛才活動成功的關鍵是什麼？誰在提示和指揮我們邁向成功？

7.技巧變化：

用時間限制、增加氣球數量等都能增加挑戰；根據現場情況可以運用氣球巧變各類活動。

8.注意事項：

既要注意避免氣球爆裂傷人，又要注意組員移動中摔倒。

活動之 4：魔術棒

1.活動目的：

①增強協商和解決問題的能力；提升合作精神。

②反省與人合作的衝突與關係協調能力的提升。

③思考團隊領導的重要性。

2.人數：16 人以下。

3.所需時間：30 分鐘。

4.場地要求：平地。

5.器材：輕質細鐵棒一根。

6.活動操作：

①參加者沿鐵棒兩邊分成兩列站立。

②每人伸出一根食指承托這鐵棒，每位學員的手指必須緊貼鐵棒的下面，把鐵棒從腰部位置開始提升到某一高度，然後一起把鐵棒放到地面爲勝利。整個過程鐵棒上面不能用手觸碰，承托鐵棒的手指虎口必須向上。

7.討論

①爲什麼鐵棒在組員喊停時還會像做魔術一樣不斷上升？

②剛才活動成功的關鍵是什麼？

③當你的意見和別人的不同時，你有何感受？如何表達意見，意見是否被接納呢？

8.技巧變化：

除可以用輕質細鐵棒外，也可用輕質塑膠棒，但太重的竹竿效果不好。

9.注意事項：

◇導師要提醒參加者小心鐵棒的升降過程，以免弄傷他人。

◇面對團隊衝突，輔導員要適時介入。

活動之 5：珍珠島

1.活動目的：

①角色定位的思考，有效溝通的體驗。

②時間管理、項目管理、分工協作、問題處理等的技巧的訓練。

2.人數：10～15 人爲一組，有 2～3 組以上最佳。

3.所需時間：40 分鐘。

4.場地要求：平地。

5.器材：每個組凳子若干張、眼罩若干個、浮板 3 塊、彈彈球 20 個、1 個紙簍、生雞蛋 1 只、4 根牙籤、1 雙筷子、1 條長線、1 圈透明膠和 2 張 A4 紙；準備 3 張任務卡。

6.活動操作：

①告訴學員，他們在乘坐一艘豪華游輪出海時遇到海難，把全組的人吹到三個事先用凳子圍成的珍珠島、啞人島、盲人島上。

②啞人島上有 3 塊浮板，上面的人不能說話；盲人島上的人雙眼被蒙，看不到任何東西；珍珠島上的人是正常人，沒有限制條件。

③各組學員按照各自任務卡上的內容完成相應任務。

7.討論

①盲人島上的人一直看不到，他們最想知道的是什麼，眼睛被蒙上了有什麼感覺？

②啞人島上的人一直不能說話，現在最想說什麼？

③珍珠島上的人很忙，可以告訴其他人剛才你們在忙什麼嗎？你們的首要任務是什麼？

8.技巧變化：

三張任務卡上的任務可根據不同的情況自行更改。

9.注意事項：

導師要注意三個島上的學員的表現與反應，戴眼罩的人有否出現不適的反應。注意盲人有無偷看，啞人有無偷偷開口說話。

活動之 6：繩網系列

1.活動目的：

①培養及發揮團隊合作精神，提升小組解決問題的能力。

②促進小組成員之間的溝通與瞭解。

③挖掘小組成員的潛力，訓練小組的協商及決策能力。

2.人數：10～15 人為一組，有 2～3 組以上最佳。

3.所需時間：按實際所需。

4.場地要求：平地。

5.器材：富有彈性的繩索一捆。

6.活動操作：

①穿越電網Ⅰ——全組學員借助一根直徑 10～15 釐米、長 2.2 米的竹子，從一張 1.7 米高的繩網上越過。在活動過程中，除了竹子和小組組員外不可借助和觸碰任何其他物品。

②穿越電網Ⅱ——全組學員從一條傾斜向上的繩子上方越過。當一個人從一處地方越過時用一隻彩夾標示，彩夾以下繩段不能再通過。過程若有觸碰到繩子，必需全組從頭開始。

③蜘蛛網Ⅰ——用富有彈力的繩索編織成一個與地面垂直的網。全組學員從網的一方穿越至網的另一方。在過程中若有觸碰到網，必需全組從頭開始。

④蜘蛛網Ⅱ——用富有彈力的繩索編織成一個與地面平行的網。全組學員進入網的各個網孔。需要學員在不觸碰網的情況下全部走出蜘蛛網。在過程中若有一人觸網則必須在逃出的人裏重新挑選一位進入蜘蛛網。

⑤立體蜘蛛網——以 12 根輕質塑膠棒圍成一個空心的正方體，要求全組學員分別從正方體的不同路徑穿過，不能重覆通過相同一個路徑和觸碰正方體。若有觸碰，必需全組從頭開始。

7.技巧變化：

繩子可以變化出各種各樣的歷奇活動，可與呼拉圈等其他不同道具結合產生不同效果和規則的活動。

8.注意事項：

活動時不允許有任何跳躍動作出現；強調正確的搭人梯、

攀爬及保護動作；與地面垂直的繩網的兩側應放有保護軟墊；在竹子等其他器材的搬動及使用時要注意安全。

活動之 7：運送核廢料

1.活動目的：

①訓練小組組員之間的合作和解決問題能力。

②加強小組成員的自我反省能力，提升學員溝通能力。

③讓學員學會用不同角度思考問題，診斷學員的個性特點。

2.人數：10～15 人。

3.所需時間：40～60 分鐘。

4.場地要求：戶外進行最佳，室內進行也行。

5.器材：眼罩 4 個、裝水塑膠器皿 1 個、2 條橡皮筋、12 條棉繩、1 個一次性紙杯。

6.活動操作：

①導師為每組學員分發 12 條繩子，4 條橡皮筋和 4 個眼罩，要求組員將一個擺設在大約 2 米×2 米範圍中央的「核廢料」（一杯水），在不利用其他工具的情況下運到指定的地方。

②參加者可商量如何利用現有工具將「核廢料」運出，4 名操作的學員必須戴上眼罩方可進行操作，並全程 4 人操作直至將「核廢料」倒入一個塑膠器皿內。

③在運送過程中，負責操作的學員雙手不可接觸到「核廢料」，在整個過程中，任何人都不允許進入 2 米×2 米的範圍內。

④其他組員只可在場外提示，不能與操作者有身體接觸。

7.討論

①小組是如何找到一個可行的方法的？

②當大家都有自己的方法和觀點時，如何表達不同的建議？當你的建議被接納或被拒絕時，你有什麼感受？

③在小組解決問題時，有人帶領和指揮我們嗎？小組需要這樣的領袖人物嗎？你自己在擔任什麼角色呢？

④被蒙上眼睛的操作者有何感受呢？

8.技巧變化：

限定操作者離裝「核廢料」的杯必須有 50 釐米以上的距離；待操作者戴上眼罩後才指明「核廢料」的回收點都可增加難度；每一次失敗後更換 4 名操作者，可以提升參與性。

9.注意事項：

嚴格約定不許偷看和「核廢料」回收點安排適當的距離都是活動成效的關鍵。

活動之 8：智脫樊籠

1.活動目的：

①體驗表達、傾聽與回饋三個溝通環節的真實意義。

②訓練組員收集、篩選、整理資訊的能力。

③提升科學決策、團隊合作和主動參與的素質。

2.人數：10～14 人。

3.所需時間：45 分鐘。

4.場地要求：戶外。

5.器材：資料卡，橡筋繩。

6.活動操作：

①告訴學員，大家在一次太空旅行時被外星人逮住了，囚禁在牢籠中，牢籠三面環牆，只有一扇引力門可供出入。門外有機械守衛看守，大家要通過各自手上的資訊卡所提供的不同資料找出逃離的辦法，不然就會成爲外星人的食物。

②向學員發放資料卡，第一次文字正面朝上，讓他們自行選擇，每人一張在規定時間內自行閱讀。卡片回收前組員不能與他人交流自己手中卡片的資訊。

③回收卡片後，學員可以在小組內討論卡片上的資訊並找出逃離的方法，趕快嘗試逃離。

7.討論

①是什麼資訊支援你們用這種方法逃離呢？

②還有其他逃離的方法嗎？

8.注意事項：

◇在組員閱讀卡片時不能讓其交談或交換卡片閱讀。

◇要注意多次逃離失敗時，學員有無產生放棄情緒。

◇記錄好組員商量逃離方法時的表現和有代表性的言語。

附：智脫樊籠的十三張資訊卡資料

1.碰到引力門的任何一點都會觸發機械守衛行動。

2.假如機械守衛行動了，你們必須回到引力門後。

3.不要做無謂抵抗，你們不可能打倒機械守衛的。

4.碰到圍繞引力牆的任何物件都會觸發機械守衛行動。

5.必須放鬆腳步，任何因跳躍、身體跌下或大力踏步造成的地面震盪都會觸發機械守衛行動。

6.有人走到引力門後，機械守衛就會行動，但昨天嘗試逃走時卻發現直到有兩個人在門後時，機械守衛才會行動。

7.機械守衛奉命監視你們，他們是由一些看起來像毛毛蟲、多足及擁有和人類一樣手臂和手掌的外星生物做成。

8.那些外星生物大約有 2 米高，身體分成一節節，每節體積約有一人大小，節數越多，年紀越大。

9.你略懂外星蟲人的語言，你曾聽到領隊的外星蟲人說那些機械守衛需要修理，因爲最近一次電子風暴使他們會偶爾失靈。

10.不要說出你所知道的關於弄停機械守衛的方法，直到有人問還有誰知道外星人的事，或者導師說還有多少時間。你知道一個秘密：有方法可令機械守衛失靈，你偷聽到領隊的外星蟲人對手下說：「若機械守衛壞了，只要用手指著他說出四字詞語，使他完全停頓，它就可以拿去修理了。」另一個蟲人說：「那密碼太容易了，但我忘了。」帶領的蟲人聽到後氣得跳了起來。

11.機械守衛體內置有語言翻譯器，他們明白你們的說話，但他們不會說話。

12.機械守衛能用熱能感應器來探測到你們的存在，他們把你們看成一團團物體。

13.外星蟲人是溫血動物。

活動之 9：溝通地圖

1.活動目的：

①診斷組員的溝通風格，訓練組員的表達能力。

②訓練組員有效表達、聆聽、回饋的溝通能力。

2.人數：10～15人。

3.所需時間：60分鐘。

4.場地要求：戶外。

5.器材：眼罩每人一個，每位組員發1～2份中國各省市的地圖模型（按地圖冊比例大小，每個省市地圖模型須有不同的顏色）。

6.活動操作：

①導師要求小組成員全部戴上眼罩，事先約定活動開始後不可打開眼罩。待準備好後，導師在每位組員的手中發放一到兩塊地圖模型，在發放地圖模型的過程中，必須讓組員瞭解所持地圖模型的顏色。

②導師介紹活動，活動是「一種顏色，一個省份」，小組成員在不打開眼罩的情況下，進行小組溝通討論，直到整理出答案。答案由小組選派的一位組員統一告知老師，包括整個小組所有地圖模型的省份名稱、數量和顏色。

③對待組員的打瞌睡、打手機、走神等不同情況，導師可適當提醒和正確引導。

④有正確答案後，經導師允許下學員方可解開眼罩，活動才結束。

7.討論

①戴上眼罩時，與平時的溝通方法及模式發生了什麼變化？

②當大家都掌握不同的資訊，而且資訊較多時，小組溝通

遇到那些困難？

③當我們用語言去描述地圖模型時，有那些困難呢？

④當你聆聽其他組員的資訊時，又有什麼感受呢？你期望得到什麼資料和資訊，你期待對方如何表達？

⑤小組成員的溝通風格不一致時，如何協調解決？

⑥活動的成功經驗，對我們有何啓發？

8.技巧變化：

①用不同形狀、不同顏色的積木代替地圖模型難度會減少。

②讓其中一位學員持一塊無重覆顏色的地圖模型會增加難度。

③根據學員情況選擇地圖模型的數量和省市特徵是重點。

9.注意事項：

◇此活動最大的特點是其參與性極高，只要有一位學員不投入，活動都不可能成功！事先熱身讓小組形成動力，才開展此活動更爲科學。

◇事先約定不許偷看是活動成功的關鍵。

◇導師提醒組員之間不許互相交換或觸摸地圖模型。

活動之 10：開車系列

1.活動目的：

①體驗資訊傳遞的過程和非語言溝通的特點，感受不同領導的指揮風格。

②訓練組員遵守規範的能力、思維決策的能力。

2.人數：10～15 人爲一組，有 2～3 組以上最佳。

3.所需時間：30 分鐘。

4.場地要求：戶外。

5.器材：眼罩（每人一個）。

6.活動操作：

①開小車：學員們兩人一組，前後搭肩站立。前面的人扮作汽車，須閉上眼睛，伸出雙手作保護。後面的人扮作開車的司機，拍前面學員左肩為左轉，拍右肩為右轉，輕拍背心為前進，後腦勺為後退，輕按脖子為剎車。兩人互相嘗試後，學開大車。

②開大車：三人一組，前後搭肩站立。前面與中間的學員閉上眼睛，操作方法與開小車相同。中間的人只作傳送軸傳遞司機發出的資訊。三人互相嘗試後，學開火車。

③開火車：全組學員排成一列，除最後的火車司機外，其餘學員均須戴上眼罩。排在第一位的學員伸出雙手作保護，當作火車頭，其他操作方法與開大車相同。由輔導員單獨告知司機目的地，全組人在火車司機的指揮下到達目的地為勝利。

7.討論

①剛才擔當車頭、車身和司機有什麼感受？

②要把火車開到準確的目的地，有什麼方法？

③資訊怎樣才能正確地傳遞下去？

8.技巧變化：

①所有組員不出聲、不解下眼罩偷看是開火車活動邁向高素質歷奇的關鍵，可以通過事先的契約和明晰的規則實現。

②在行進途中增設路障、增設站點、安排迂迴曲折的路線、

有意製造火車相撞等都是提升活動趣味性和難度的有效方法。

③在途中適當時候可更改火車司機和車頭的人選。

9.注意事項：

◇平地進行是關鍵。

◇在列車撞牆、撞障礙物或與他人相撞時均要注意安全。

活動之 11：信任天梯

1.活動目的：

①提高學員之間的責任感與組員之間的信任。

②挑戰自我，激發潛能。

2.人數：12 人以上。

3.所需時間：按具體情況而定。

4.場地要求：戶外。

5.器材：厚身金屬鐵棒。

6.活動操作：

兩人一組，手握金屬棒，形成一把空中的金屬梯。學員逐一從上面走過到達目的地。

7.注意事項：

握棒方法：

①雙腳分開與肩寬，達至最平穩效果，並排兩人肩膀緊挨肩膀。

②雙手抱拳緊握管子末端，管子末端不應外露，以保護腹部、腿部不被壓傷。

③將管子放在腹前，前臂微曲，以舒緩突然而來的壓力。

行走方法：

①在天梯上行走，不能利用組員的頭與頸作支撐，只能利用他們的肩膀作爲支撐。

②腳儘量踩在鐵管中間，但不能兩隻腳同時踩在同一根棒上。

③開始前應大聲說「我是某某，將接受挑戰，你們準備好了嗎？」等類似詢問，待支持者有力答覆後，才能開始行走。

8.技巧變化：

可根據情況，延長到終點的距離，使組員以接力形式支撐行走者。

9.注意事項：

導師須留意及提醒組員是否專注於做支撐工作，動作是否標準。

當導師發現任何組員的態度和動作出現潛在危險時，應立即停止活動。

活動之 12：月球歷險

1.活動目的：

①認識個人與團隊的不同價值觀，以及分析事物的不同角度。

②瞭解個人和團隊在解決問題和討論問題的相互關係。

③強化小組組員之間溝通；提高小組解決問題的能力。

2.人數：6～12 人。

3.所需時間：30 分鐘。

4.場地要求：戶外。

5.活動：資料或投影、筆。

6.活動操作：

①發月球歷奇記錄表給每位組員。

②請組員認真閱讀，然後由導師簡單介紹活動背景。

③請組員先不要和他人討論，自己根據活動指令完成「個人決定」一欄，時間在 3～5 分鐘。

④待全體組員完成後，請組員以小組為單位進行討論，並完成「小組決定」一欄，時間在 10～15 分鐘。

⑤導師告知「專家答案」，請組員計算誤差。

7.討論

①小組決定和個人決定有何不同？為什麼？

②最後的小組決定是怎麼得來的？過程如何？

③小組在解決問題時，小組成員的溝通如何？

8.注意事項：

◇注意組員討論時的情況，有沒有個別組員過於主導討論而其他人不願發表意見的情況。

◇導師要注意時間的控制，須用不斷提醒時間的方式確保小組準時完成討論。

月球歷險記統計表

項　　目	個人 決定	小組 決定	專家 答案	個人 得分	小組 得分
火柴一盒					
濃縮食物					
尼龍繩(50 公尺)					
降落傘					
手提暖爐					
兩支 45 口徑手槍					
脫水奶一罐					
100 磅氧氣兩罐					
月球星座地球					
月球救生船					
磁石指南針					
5 公升清水					
訊號閃光燈					
藥箱(包括針筒器具)					
太陽能超短波接收器					

《明球歷險記統計表》答案及記分表

項　目	專家排列	理　由
火柴一盒	15	月球沒有氧氣，不能燃燒，沒有實際用途
濃縮食物	4	最有效的食物，能迅速供應身體消耗的能源
尼龍繩（50公尺）	6	可用做攀登峭壁及將傷者捆在一起
降落傘	8	對抗太陽光防輻射‧對身體有保護作用
手提暖爐	13	沒有作用，除非在月球的暗面
兩支 45 口徑手槍	11	可作自動推進器用
脫水奶一罐	12	攜帶不方便，濃縮食物已足夠
100 磅氧氣兩罐	1	在月球上維持生命最需要的物品
月球星座地球	3	作指示方向用
月球救生船	9	在救生船上存儲的二氧化碳可作推進器
磁石指南針	14	在月球上沒有正副磁場‧所以沒有作用
5 公升清水	2	要補充在月球所失水分
訊號閃光燈	10	當看到母船‧用來發信號
藥箱（包括針筒器具）	7	打針器可補充維生素及注射藥物還可穿孔
太陽能超短波接收器	5	與母船通訊之用

附：月球歷險記資料

你們乘坐的太空船猛然降落在月球上，嚴重的撞擊使太空船上的許多設備都壞了，而且還有個別組員受傷。你們必須儘快地抵達 100 公里外有陽光照射的月球基地，才有生還的機會，只可惜在太空船上只找到 15 種工具完好無損（見《月球歷險記統計表》）。

為了儘快抵達到基地，你們的當務之急就是要立即決定這 15 種物品的重要性，那件物品最重要，能發揮最大效能實現全組人一起抵達基地，就請在該項目上標明 1，次重要的項目注明 2，以此類推，到 15 是最不重要的。

24 十一項室內歷奇活動

活動之 1：七手八腳

1.活動目的：

①訓練反應、決斷力以及解決問題的能力，促進團隊合作。

②提高數學運算能力，提升小組動力。

2.人數：10～15 人為一組，有兩組以上為佳。

3.所需時間：15 分鐘。

4.場地要求：室外。

5.器材：無。

6.活動操作：

①每組所有組員的手或腳必須按要求的數目著地，如七隻手八隻腳，最先按要求完成的爲贏方。

②導師從易到難，更改著地的手腳數目，請組員不斷嘗試。

7.討論

①在活動過程中，你的小組是如何按指令達到要求的？

②你喜歡那些決策方法？大家的意見是如何達到一致的？

③有不同意見時，你們怎樣處理？

8.注意事項：

◇活動進行時，導師應注意參加者的安全，避免他們作出危險和高難度的動作，如騎脖馬等。

◇活動進行時可使用軟墊防止損傷。

活動之 2：小雞變鳳凰

1.活動目的：

①讓學員在競爭中尋求合作，訓練其主動性，促進其參與。

②活躍現場學習氣氛，培養學員遵守規則的好習慣。

2.人數：20 人以上。

3.所需時間：10～15 分鐘。

4.場地要求：戶外。

5.器材：無。

6.活動操作：

①活動開始時，全體學員蹲下視爲雞蛋，然後兩人爲一組，

猜「石頭剪刀布」勝方可晉升一級成爲小雞，然後再找是小雞的同伴繼續猜，直到變爲人類。相反，猜「石頭剪刀布」輸方要退化爲後一級，再找同級同伴猜。

②進化可分爲四級：a)雞蛋，b)小雞，c)鳳凰，d)人類，每級的動作如下：

a)雞蛋──蹲下來，雙手抱膝。

b)小雞──半蹲下來，雙手叉腰。

c)鳳凰──站立雙手放在頭上。

d)人類──站立到指定位置，如舞臺。

7.討論

①你是積極去尋找對手儘快晉升還是等待對方來找你呢？

②如何可以儘快變成人類？有那些方法？

8.技巧變化：

①若要促進男女學員的交流，可限定每次猜「包剪錘」要在男女學員之間進行。

②可用攝像機拍下違規直接跳到指定位置的學員，在解說時評點和引導。

9.注意事項：

◇帶領過程的講解階段最好請輔導員示範四級進化。

◇讓學員能遵守規則是活動成功的關鍵。

活動之3：生日排序

1.活動目的：

①讓學員體驗和瞭解非語言溝通的溝通能力及溝通障礙。

②促進學員的瞭解和參與。

2.人數：不限。

3.所需時間：20分鐘。

4.場地要求：戶外。

5.器材：無。

6.活動操作：

①讓所有參加者站成一個圓圈，聽導師發出指令。

②導師要求每位參加者都按自己的真實生日的月份和日期排成一橫線或一個圓圈，最先出生的（例如1月1日）站線上（圈）的左邊，最後的（例如12月31日）站線上（圈）的右邊。

③全程所有組員都不能說話。

④排列完成後，導師採用抽查或逐一檢查的方式，檢查是否有人站錯位置。

7.討論

①你在活動過程中遇到了什麼困難？是如何克服的？

②在非語言溝通方面你的能力如何？

③假如你站錯了位置，再來一次你會如何改善你的溝通能力？

8.技巧變化：

◇參加者少，用站成一條線的方法。人多，選擇圍圓圈的方式。

◇讓學員站在一張30～50釐米高的長凳上，換位時又不可掉下來，可增加活動難度。

活動之4：潮起潮落

1.活動目的：

①促進學員間的信任和合作。

②熱身階段活躍氣氛、提升小組動力。

2.人數：不限。

3.所需時間：5～10分鐘。

4.場地要求：戶外。

5.器材：無。

6.活動操作：

①先請每兩人組成一組進行，兩人先背靠背，手臂扣著手臂，然後坐在地上，跟著依靠背靠背的支持一起站起來。

②當兩人站起來時，將兩組合並為一組，以同樣的方法站起來。

③依次類推，增加到三組、四組直至全體學員站立為止。

7.討論

這個活動的成功經驗對我們有何啟發呢？

8.技巧變化：

也可先請兩位學員先進行活動，當兩人站起來，可以增加一人，成為三人一組，然後逐步增加為四人、五人……直至全體起立。

9.注意事項：

◇導師應注意在開始時，每兩人一組，身高相近容易成功。

◇此活動很簡單，但消耗體力，組員間相互用背支持是成

功關鍵。

　◇多人進行時，要提醒組員不要硬把他人帶起，而是要同時起立。

活動之 5：模仿秀

　1.活動目的：

①瞭解造成溝通差異的原因。

②瞭解非語言溝通的重要。

　2.人數：不限。

　3.所需時間：10～20 分鐘。

　4.場地要求：戶外。

　5.器材：無。

　6.活動操作：

①先請出 4 位學員，請他們外出回避現場。

②導師模仿一組連續的動作並將這組動作的細節解釋給在場的所有學員，然後請回避的其中一位學員進來，將剛才的動作重覆一遍，讓其細心觀察。他的任務是將所觀察到的資訊模仿給下一位參與者。

③以此類推，讓最後一位參與者判斷出前一位模仿者所表演的具體資訊。

　7.注意事項：

　◇導師儘量使用輕鬆詼諧的語言和動作，營造愉快寬鬆的氣氛。

　◇導師應注意所做動作不應太難和帶有危險性。

◇導師應注意讓在場的所有觀察者不要給予模仿者任何提示。

活動之 6：跨越彩虹

1.活動目的：

①培養解決問題的能力，形成小組規則規範。

②熱身階段，拉近小組成員距離，打破隔膜。

2.人數：10～15 人爲一組，最好有兩組以上。

3.所需時間：8～15 分鐘。

4.場地要求：戶外。

5.器材：每個小組呼拉圈一個。

6.活動操作：

①導師要求小組成員手拉手圍成一個圓圈，將呼拉圈放在任意兩位學員之間，讓學員在不分開手的情況下，使全體小組成員鑽過呼拉圈，最快完成的小組爲優勝。

②可在所有小組都試過以後，讓各組考慮有沒有更快和更好的方法，然後再嘗試。

7.討論

①接到任務後，如何產生一個有效快捷的方法？

②在參與過程中，如何可以配合小組完成任務呢？小組又是如何不斷超越呢？

8.技巧變化：

①呼拉圈不可以碰在地上或在呼拉圈起點的對面添加一根圓形的軟繩讓組員穿過，都可以增加難度。

②多個小組同時進行可以增加競爭性。

9.注意事項：

導師應注意不要使用易碎的呼拉圈，並提醒學員小心呼拉圈別刮花臉或碰爛眼鏡。

活動之 7：形似我心

1.活動目的：

①強化組員間的信任。

②根據不同的環境變化，用新的思維方式協作完成挑戰。

③訓練學員聆聽能力、協調能力。

2.人數：10～15 人。

3.所需時間：20～30 分鐘。

4.場地要求：戶外。

5.器材：眼罩每人一個，10～15 米長棉繩一條。

6.活動操作：

①把長繩平放地下，將組員集中至中間點附近圍成一個圈，小組內選出一名指揮者，眼看口動，但不允許碰到其他組員和長繩。其他組員戴上眼罩蒙上眼睛，只可用手接觸繩子但不可碰到其他組員。所有蒙眼組員在指揮者的領導下，將長繩圍成一個最大的無缺口的心形。

②當指揮者和組員都滿意共創的心形時方可解開眼罩。

7.討論

①在活動過程中，你最焦急的是什麼？最擔心的又是什麼？

②如果換作你是指揮者，你會注意些什麼問題？

8.技巧變化：

①若場地足夠大，可以多安排幾個小組同時進行，混亂的場面是最鍛鍊人的。

②根據學員的情況，可限定蒙眼者不能開口說話，也可以增長或縮短繩長。

9.注意事項：

◇清理現場障礙物，確保參加者的安全。

◇提醒學員保管好自己的財物和眼鏡，活動開始前關閉手機。

◇嚴格約定蒙眼者不許偷看。

活動之 8：反轉地球

1.活動目的：

①培養及發揮團隊合作精神。

②增強協商解決問題的能力。

③加強小組之間的溝通與配合。

④啓發學員要善用身邊的資源。

2.人數：12～15 人爲一組。

3.所需時間：15～20 分鐘。，

4.場地要求：室外。

5.器材：每組 1 張 1 米×1.5 米的地板膠。

6.活動操作：

①先讓各組組員都站在地板膠上，身體任何部分均不能觸

碰到地面或其他支撐物。

②在不借助其他器材的情況下，各小組須把地板膠底朝天地翻過來，但任何組員不能觸碰到地面或其他支撐物。

7.討論

①小組是如何組織並執行本次任務的？是如何達成共識的？

②在尋找解決方法時你是如何表達自己意見的？

③在小組合作過程中大家的協調程度如何？

④你對小組的合作有什麼看法？

8.注意事項：

◇活動進行時，導師應注意學員的安全，避免他們做出高難度且危險的動作，如騎脖馬等。

◇導師要注意部分學員違規操作的情況。

活動之 9：全體登陸

1.活動目的：

①通過學員間的身體接觸，增加小組成員之間的瞭解和默契，活躍小組氣氛。

②擴大小組成員之間的安全區域，增強熟悉程度，促進團隊形成。

2.人數：8～15 人為一組。

3.所需時間：10 分鐘。

4.場地要求：戶外。

5.器材：橡膠軟墊或拼圖。

6.活動操作：

①把一塊橡膠軟墊放在地上，要求組員在同一時間全體踏上軟墊，停留約 10 秒。

②全體組員身體各部分必須離開地面，然後由小組導師倒數 10 秒才算成功。

7.討論

①看到軟墊如此之小時，你的感覺如何？當時你覺得小組可以完成任務嗎？

②這個活動的解決方法是如何得到的？有何創意？

8.技巧變化：

①隨著組員的表現，可以將軟墊或拼圖面積逐漸減小。

②可用報紙或地板膠代替軟墊、拼圖。

9.注意事項：

◇導師和輔導員要注意參加者安全，隨時停止他們所做出的危險動作。

◇留意組員是否出現「男女授受不親」的初期反應。

活動之 10：我是誰

1.活動目的：

①促使學員認識自己、反思自己、展望未來。

②增強表達自我、介紹自己的能力，促進溝通，培養創意思維。

2.人數：8～12 人爲一組。

3.所需時間：10～15 分鐘。

4.場地要求：戶外。

5.器材：彩色粉筆、20 釐米白色棉繩。

6.活動操作：

①發給每位學員一支彩色粉筆和一條白色棉繩。

②請每位學員用粉筆和棉繩製作一件作品來代表自己。

③每個學員展示自己製作的作品並解釋其中所包含的意義。

7.討論

①如何思考並形成「你」自己的這件作品？

②從別人的表達中你發現了什麼？

8.技巧變化：

①粉筆適用於教師或在校學生，可根據不同類別學員選取與其職業相關的、易找的道具。

②白色棉繩可換成其他的彩色繩，以增強色彩的感染力。

③如有可能最好設計背景音樂，效果更佳。

9.注意事項：

◇每位學員在展示或發表自己的作品時應面向其他學員。

◇每位學員發表完畢，主講導師最好能點睛式地進行評點鼓勵。

活動之 11：創意塔

1.活動目的：

①培養團隊在短時間內解決問題的能力。

②提升團隊合作精神，促進小組領袖產生。

③讓參加者在執行團隊任務時不斷創新，用新的思維方式思考和處理問題。

2.人數：10～12 人爲一組。

3.所需時間：15～20 分鐘。

4.場地要求：戶外。

5.器材：舊報紙每人一張、透明膠若干。

6.活動操作：

①導師發給每位組員舊報紙一張，在 15 分鐘內利用這些材料建一座最高的塔，要求外形美觀、結構牢固、創意第一。

②塔做完後，每組將自己建的塔放在大家面前，每組派出一位組員點評，評出最有創意的一組。

7.討論

①活動過程中，是否每人都有參加，參與程度不一致時，你有何感受？

②小組領袖如何產生的？是否能發揮作爲領袖的角色和責任？

③你對小組的合作有何看法？

8.技巧變化：

①可以要求參加者建房子或築橋。

②可以給予不同的材料，如：撲克牌、吸管、衛生筷等。

③組員較多時，可以適當增加另一項活動，將小組任務分成兩個。

9.注意事項：

導師應注意一些不太參與和游離的學員。

25 十二項戶外歷奇活動

活動之 1：勝利牆

1.活動目的：

①促進組員發揮合作精神，互相信賴，共同爭取達到目標。

②充分挖掘組員潛能，充分認識自我價值。

2.人數：15～25 人或以上。

3.所需時間：沒有時間限制。

4.場地要求：戶外 3.8 米至 4.2 米的高牆。

5.器材：無。

6.活動操作：

①組員經討論後，全組人都必須在不借助其他物品的情況下，徒手爬上高牆的頂端。

②高牆頂端只能停留 6 人，已完成的組員按「先上先下」的順序從高牆後面的樓梯返回地面作保護。

③攀爬或已攀爬的組員需圍在高牆旁，舉起雙手作保護。

④組員有攀爬時只需放鬆四肢，雙手舉高，身體靠著牆面，靠下面的人推或托和上面的人提或拉，不可自己強行借力攀爬。

7.討論

①你在爬勝利牆的時候是什麼感受？爲什麼？

②在剛才的過程中最感激誰？爲什麼？

8.注意事項：

◇此項高危險活動，需在專業的導師和輔導員帶領下進行。

◇導師和輔導員要十分密切注意組員的行爲，隨時提醒互相之間的保護，制止組員做出危險或不適當的行動。

◇所有組員需將身上的硬物和飾物摘下，以免因握手腕或碰撞而受傷。

◇牆上的組員應以「互扣手指」或「互扣手腕」的方式提拉正在攀牆的組員，以免脫手或受傷。

◇組員在攀爬時，不可以在其他組員的頭、頸椎、膝蓋、腰等部位借力。

◇活動開始前，組員需有充分的熱身和充足時間作討論。

◇導師可讓小組自定完成任務的目標時間，鼓勵組員積極完成。

活動之 2：綠野尋蹤

1.活動目的：

①加強團隊的凝聚力，發揮組員的領導才能。

②提升解決問題的能力；培養敏銳的觀察力。

2.人數：8～12 人爲一組。

3.所需時間：2～3 小時。

4.場地要求：戶外。

5.器材：指北針、地圖。

6.活動操作：

①工作員預先在野外指定的範圍內佈置若干個隱蔽的設置點。

②學員以組爲單位，按順序尋找指定的設置點，以最快完成本組任務的爲勝。

7.討論

①小組領袖是如何產生的？你在小組內扮演了什麼角色？

②當小組遇到困難時是怎麼樣解決的？

③若是重新開始，你認爲有那些更好的方法去解決問題？

8.技巧變化：

①安排在晚上進行，可以增加活動難度，提升學員的參與力度。

②針對不同性格的組員設計不同角色，如比較活躍的可扮演手腳傷殘人士，具有領導才能的可扮演啞巴或瞎子，比較內向的可讓其握指北針、地圖作嚮導等等。

③可在找到每個設置點後增加即時任務要組員完成，強化小組凝聚力。

9.注意事項：

◇每個設置點以 16～20 分鐘的尋找時間進行設計，設置點數量可以根據時間或組員參與狀況確定。

◇小組輔導員要十分密切注意組員的安全，及時制止他們做出危險或不適當的行動。

活動之 3：大腳板

1.活動目的：

①熱身階段活躍氣氛，強化小組成員間的合作。

②促進小組領袖的產生。

2.人數：6 人爲一組，兩組以上爲佳。

3.所需時間：10～20 分鐘。

4.場地要求：戶外爲宜。

5.器材：大腳板兩對（每對用約兩米長的木板做成，並用繩做拉手）。

6.活動操作：

①要求組員站立在「大腳板」上，從起點開始，繞過一定距離後返回終點。

②若有組員在途中跌離「大腳板」，必須停下，讓全體組員重新站在「大腳板」後，才可繼續前行。

7.討論

①全體組員一致行動的要點在那裏？

②組員能否有效執行組長的指令？

③這個活動的成功經驗，對我們有何啓發呢？

8.技巧變化：

①根據學員完成情況，可以安排組員全部不可以開口說話，以增加難度；根據時間長短，可以更改終點。

②可以指定將終點位置變成一個區域，讓學員突然改變方向像倒車一樣進入終點。

9.注意事項：

◇提醒組員注意安全，不要被「大腳板」夾傷。

◇做好保護工作，防止組員前傾或後倒，特別是前排或最後位置的組員。

◇提醒學員不能把繩子繞在手上，只能把繩子垂直握在手中。

◇在平坦的地面上進行，較為安全。

活動之 4：激流搶險

1.活動目的：

①評估小組成員的性格特點，強化小組合作。

②促進團隊的建立，提升小組解決問題能力。

2.人數：8～12 人。

3.所需時間：30 分鐘。

4.場地要求：開闊平地。

5.器材：木磚 4～6 塊。

6.活動操作：

①告訴學員現已抵達某處暗流湍急的河流，前無去路後有追兵，全體組員須儘快渡河到 30 米寬的對岸，才能脫離危險。

②小組所有組員需踩著木磚，從起點走到終點，途中身體任何部分不能碰到地面。

③行走過程中凡閒置的木磚將會被急流沖走（由導師或輔導員「沒收」）。

7.討論

①剛才是誰想到了過河的辦法？

②剛才的活動驚險嗎？你們是如何克服的？

8.技巧變化：

①可以幾個組同時進行，以增加競賽氣氛，促進團隊精神的建立。

②可要求組員手拉手進行。

9.注意事項：

◇要注意學員的手、腳不要被木磚夾傷。

◇用講故事形式介紹活動能提高學員興趣，促進學員參與。

活動之 5：泰山繩

1.活動目的：

①訓練組員的信任與合作，增強組員間的凝聚力。

②提升小組解決問題的能力，促進組員溝通、聆聽、目標管理能力的提高。

2.人數：10～15 人。

3.所需時間：20～40 分鐘，大多數小組約用 30 分鐘。

4.場地要求：戶外進行最佳，室內進行也行。

5.器材：10 米粗繩（1 條）、軟墊（2～4 張）、輪胎（2 大 1 小）、水桶（2 個）、木條（2 條）、麻繩（1～2 條）、碼錶（2 個）、粗繩 1 條（50 米長、10 毫米或以上寬）。

6.活動操作：

①在 4 米左右的高空吊一條粗繩，要求將全組學員從地面的一端通過麻繩運送到另外一端事先擺放好的輪胎上。

②在運送每一位組員的過程中，每人還需將一桶裝滿水的水桶運送過去，且不可讓水外泄。

③活動進行期間（包括把吊在軟墊中央的粗繩拿到手中），所有組員皆不得接觸地面。當組員到達對面後不能再落地，要站在輪胎上，以此類推。如有一名組員落地，除了該組員要重做外，還要找一名已完成的組員重做並扣除時間半分鐘。

④在送水過程中，如水溢出需由運送開始重做並扣除時間半分鐘。

7.討論

①在活動過程中，任務是怎樣完成的？辦法是如何形成的？

②小組在解決問題時，是如何溝通的？

③這個活動的成功經驗對我們有何啓發呢？

8.技巧變化：

輪胎擺設得遠一點或讓部分學員戴上眼罩完成，都可以調整活動難度。

9.注意事項：

◇導師和輔導員要提醒學員注意不要摔傷或被麻繩傷手。

◇嚴格按要求操作是邁向高素質歷奇的關鍵。

活動之6：鱷魚潭

1.活動目的：

①促進團隊邁向高績效，培養團隊合作精神。

②提高小組解決問題的能力，訓練學員時間管理、目標管

理能力。

2.人數：10～12 人。

3.所需時間：30～45 分鐘。

4.場地要求：戶外沙地上木樁 6～8 個，每個木樁離地面50 釐米，木樁上可安置小車輪胎，木樁間距 2 米。木樁不要擺成一條直線，曲線型最佳。

5.器材：長木方兩根（規格：2.1 米長、10 釐米寬、5 釐米厚，可承受 100kg 重量）。

6.活動操作：

①告訴學員已置身於南美洲的熱帶叢林中，要穿越有鱷魚的沼澤地，從起點到終點，學員只可以使用這些木樁和兩根木方作爲工具。

②每根木樁必須站滿 5 人以後才可以向前，所有學員和木方都不可以著地，否則都會被鱷魚吃掉，意味活動失敗，須從起點重新開始。

7.討論

①在剛才過程中，最難得、最驚險、最可貴的是什麼？

②從剛才的活動中我們得到什麼啓發呢？

8.技巧變化：

①把組員分成兩部分，一部分從起點到終點，其餘從終點到起點。

②讓部分組員戴眼罩進行或禁止組員交談，以增加難度。

③可要求組員同時將指定物資運送到終點，如：一桶水。

9.注意事項：

◇必須有足夠的小組動力才可以進行，一定要提醒注意安全。

◇注意觀察和提醒男女在互相尊重下的合作。

◇注意在運送木方時不要傷及隊友。

活動之 7：羅馬炮架

1.活動目的：

①培養及發揮團隊合作精神。

②訓練協商決策能力、執行力。

2.人數：8～12 人。

3.所需時間：30 分鐘。

4.場地要求：戶外空曠地方。

5.器材：8～10 條 1.5 米長竹竿、10 條 1 米繩子、1 個有柄塑膠籃子、3 個空礦泉水瓶、10 個氣球。

6.活動操作：

①組員需用所給 3 個空礦泉水瓶到指定地點打水，製作 6～8 個氣球水彈。

②組員同時用竹竿、繩子和有柄塑膠籃子製作一個炮架，將制好的水彈發射出去，距離最遠的為勝利。

③將器材恢復原狀，並送回指定地點。

7.討論

①在小組內是如何進行分工的？分工的原則是什麼？

②在完成任務的過程中你是如何領導（協作）其他組員的？

8.技巧變化：

①該活動可規定水彈投射的距離。

②可減少部分器材，以增加遊戲難度。

9.注意事項：

◇在投射水彈時所有人員均不得站在炮架的後方，離側面也要保持 2 米。

◇活動完成後應提醒學員把場地清理乾淨。

活動之 8：生命線

1.活動目的：

①挑戰自我；強化組員之間信任合作。

②根據環境變化，用新的思維方式思考和處理問題。

2.人數：10～20 人。

3.所需時間：20～40 分鐘。

4.場地要求：戶外進行最佳。

5.器材：眼罩每人一個，50 米長、10 毫米或以上粗繩一條。

6.活動操作：

①事先把長繩綁在學員未知的戶外固定物上，作為一條引道，長繩離地 1～ 1.5 米，最好有高低起伏和障礙物，但繩子週圍無利物和險地。

②選擇離起點最近，但看不到繩的地點，要求所有組員用眼罩蒙上眼睛，由輔導員帶領前往繩的起點，當第一位組員摸到繩，則活動開始，組員需以繩為引道，當最後一位組員抵達終點，方可解開眼罩。

7.討論

①在活動過程中，你最擔心的是什麼？想得最多又是什麼？

②這個活動的成功經驗，對我們有何啓發呢？

8.技巧變化：

①在戶外的開闊地，可以讓組員背對背，手臂扣著左邊和右邊組員，蒙著眼在一位開眼組員帶領下向目標前進。

②若在室內，可以兩人一組進行，開眼組員指揮蒙眼組員前進，抵達終點後交換進行。

③根據學員情況，可以要求組員全部不開口說話，不能有身體接觸等，以增加難度；據活動時間長短，也可以更改終點位置。

9.注意事項：

◇導師和輔導員選擇路線及擺放障礙物時，要注意參加者安全。

◇提醒學員保管好自己的眼鏡及其他財物。

◇嚴格約定不許偷看是活動成功關鍵。

活動之9：火線搶水

1.活動目的：

①培養學員的團隊精神、奉獻精神，提升解決問題的能力。

②提高學員參與的熱情，訓練學員目標管理能力。

2.人數：8～12人。

3.所需時間：30分鐘。

4.場地要求：戶外，最好在50～100米範圍內有游泳池或

水池。

5.器材：兩隻水桶，其中一隻完好無缺，另一只需事先鑽好 40 個直徑爲 5 毫米的小孔。

6.活動操作：

①將完好無缺的桶放置於一個離水源約爲 30～50 米且地勢較高的地方。

②每組每次派兩男兩女用有孔的桶前往指定的水源處打水回來，直至把完好無缺的桶裝滿水。

③不能借助其他任何工具和器材。

7.討論

①在剛才的運水過程中，你做了什麼？想到了什麼？

②在搶水過程中，有那些組員的表現是令我們感動的？

③我們組順利完成任務的經驗是什麼？

8.技巧變化：

①在介紹活動時，可設定某個場景，如黃洋界上、上甘嶺戰場、伊拉克戰場等，使學員在進行過程時更有現場感、緊迫感，增加活動樂趣。

②可規定在限定時間內裝滿一桶水。

③每次運水的人數、性別可根據實際情況調整。

④最好兩個以上的小組同時進行，以增加競爭的氣氛。

9.注意事項：

◇注意不斷提醒學員沿途有水，路滑，避免摔倒。

◇水桶上的小孔不宜太多、太大。

◇冬季或雨天要根據實際情況才選用，注意避免著涼。

活動之 10：V 型橋

1.活動目的：

①培養學員的團隊精神，提升解決問題的能力。

②提高學員的參與熱情和相互之間的信任及責任感。

2.人數：10～12 人。

3.所需時間：30 分鐘。

4.場地要求：戶外。

5.器材：戶外沙地事先裝好呈 V 型的鋼管或鐵索。

6.活動操作：

①每兩位學員為一組，兩人面對面雙掌互扣，共同完成活動。

②進行活動時，學員要將身體隨著 V 型橋的距離，慢慢向前傾，雙手相扣借力，直至支持到終點。

7.注意事項：

◇建議兩個體型相若的學員為一組。

◇強調正確的扣手方法及保護動作。扣手時要把食指至小指四指併攏，然後虎口相扣。千萬不要使用十指緊扣的形式，否則當失去重心掉下時會折斷學員手指的危險。

◇活動剛開始時，由於保護的地方比較狹窄，所以只能容許一位組員作保護，但距離慢慢拉開時就需要增加保護人手。

◇導師須經常留意及提醒保護者是否專注保護工作，保護動作是否標準。當導師發現任何組員的動作出現潛在危險時，應立即停止活動。

活動之 11：跨越橫樑

1.活動目的：

①培養學員的團隊精神，提升解決問題的能力。

②增強小組成員間的協作能力。

2.人數：10 人以上。

3.所需時間：30 分鐘。

4.場地要求：戶外。

5.器材：1.8 米高的橫樑。

6.活動操作：

每位學員從橫樑頂部翻越過去。

7.注意事項：

◇活動時應把組員分成兩部分，一部分人翻越，另一部分人保護。

◇橫樑下應有保護墊，導師要強調正確的抬、舉及保護動作。原則上，同一時間不得超過三位學員在橫樑上。

◇坐在橫樑上作支援的學員，在活動時很可能會被上攀的學員拉下來，所以導師不單要注意攀登者，更需要注意橫樑上作支援的學員，並要求在兩旁的學員做好保護。

◇在幫助學員上橫樑時，要求攀爬的學員舉起雙手，扶著橫樑。不允許任何跳躍動作出現，做幫助的學員也應該保持慢而穩定的速度上升，否則攀爬學員很可能直接撞擊到橫樑上。

◇導師發現任何組員的動作出現潛在危險時，應立即停止活動。

活動之 12：信任背摔

1.活動目的：①

提高學員之間的責任感與組員之間的信任。

②挑戰自我，激發潛能。

2.人數：12 人以上。

3.所需時間：按具體情況而定。

4.場地要求：戶外。

5.器材：一個 1.5 米高的平臺。

6.活動操作：每位學員依次站在平臺上，保持身體筆直向後下墜，降落在保護者手上。

7.注意事項：此項活動爲高危險活動，需在專業訓練的導師和輔導員帶領下進行。

保護者：

◇以兩個體型相若的學員爲一組，雙手平伸向前，掌心向上，上臂緊貼身前。

◇兩人的手相互交叉地並排而放，不可重疊，手指併攏，微微前傾，掌心形成一個小窩。

◇雙腳分開至與肩寬，以達最平穩效果，並排兩人肩膀緊挨肩膀。

◇上身微微向後，注意觀察正在活動的組員，當學員下墜時，請收緊前臂作抱狀，切不可嘗試下蹲或將前臂放下作緩衝，這是十分危險的！

◇導師須經常留意及提醒保護者有否專注保護工作，保護

動作是否標準。當導師發現任何組員的動作出現潛在危險時，應立即停止活動。

下墜者：

◇必須將身上所有硬物拿下。

◇雙手反鎖置於胸前，避免雙手橫伸擊傷保護者。

◇身體應儘量保持平直，將身體重量平均分佈於保護者。

◇開始前應大聲說「我是某某，將接受挑戰，你們準備好了嗎？」等類似詢問，待支持者有力答覆時才能開始。問話能提醒承托者做好準備，同時也加強下墜者的自信心。

圖書出版目錄 www.bookstore99.com

1.傳播書香社會，凡向本出版社購買（或郵局劃撥購買），一律 9 折優惠。

2.郵局劃撥號碼：18410591　　　郵局劃撥戶名：憲業企管顧問公司

-------經營顧問叢書-------

4	目標管理實務	320 元	32	企業併購技巧	360 元
5	行銷診斷與改善	360 元	33	新產品上市行銷案例	360 元
6	促銷高手	360 元	37	如何解決銷售管道衝突	360 元
7	行銷高手	360 元	46	營業部門管理手冊	360 元
8	海爾的經營策略	320 元	47	營業部門推銷技巧	390 元
9	行銷顧問師精華輯	360 元	49	細節才能決定成敗	360 元
10	推銷技巧實務	360 元	50	經銷商手冊	360 元
11	企業收款高手	360 元	52	堅持一定成功	360 元
12	營業經理行動手冊	360 元	55	開店創業手冊	360 元
13	營業管理高手（上）	一套	56	對準目標	360 元
14	營業管理高手（下）	500 元	57	客戶管理實務	360 元
16	中國企業大勝敗	360 元	58	大客戶行銷戰略	360 元
18	聯想電腦風雲錄	360 元	59	業務部門培訓遊戲	380 元
19	中國企業大競爭	360 元	60	寶潔品牌操作手冊	360 元
21	搶灘中國	360 元	61	傳銷成功技巧	360 元
22	營業管理的疑難雜症	360 元	62	如何快速建立傳銷團隊	360 元
23	高績效主管行動手冊	360 元	63	如何開設網路商店	360 元
25	王永慶的經營管理	360 元	66	部門主管手冊	360 元
26	松下幸之助經營技巧	360 元	67	傳銷分享會	360 元
30	決戰終端促銷管理實務	360 元	68	部門主管培訓遊戲	360 元
31	銷售通路管理實務	360 元	69	如何提高主管執行力	360 元

70	賣場管理	360 元	97	企業收款管理	360 元
71	促銷管理（第四版）	360 元	98	主管的會議管理手冊	360 元
72	傳銷致富	360 元	100	幹部決定執行力	360 元
73	領導人才培訓遊戲	360 元	104	如何成為專業培訓師	360 元
75	團隊合作培訓遊戲	360 元	105	培訓經理操作手冊	360 元
76	如何打造企業贏利模式	360 元	106	提升領導力培訓遊戲	360 元
77	財務查帳技巧	360 元	107	業務員經營轄區市場	360 元
78	財務經理手冊	360 元	109	傳銷培訓課程	360 元
79	財務診斷技巧	360 元	110	〈新版〉傳銷成功技巧	360 元
80	內部控制實務	360 元	111	快速建立傳銷團隊	360 元
81	行銷管理制度化	360 元	112	員工招聘技巧	360 元
82	財務管理制度化	360 元	113	員工績效考核技巧	360 元
83	人事管理制度化	360 元	114	職位分析與工作設計	360 元
84	總務管理制度化	360 元	116	新產品開發與銷售	400 元
85	生產管理制度化	360 元	117	如何成為傳銷領袖	360 元
86	企劃管理制度化	360 元	118	如何運作傳銷分享會	360 元
87	電話行銷倍增財富	360 元	122	熱愛工作	360 元
88	電話推銷培訓教材	360 元	124	客戶無法拒絕的成交技巧	360 元
90	授權技巧	360 元			
91	汽車販賣技巧大公開	360 元	125	部門經營計畫工作	360 元
92	督促員工注重細節	360 元	126	經銷商管理手冊	360 元
93	企業培訓遊戲大全	360 元	127	如何建立企業識別系統	360 元
94	人事經理操作手冊	360 元	128	企業如何辭退員工	360 元
95	如何架設連鎖總部	360 元	129	邁克爾・波特的戰略智慧	360 元
96	商品如何舖貨	360 元	130	如何制定企業經營戰略	360 元

131	會員制行銷技巧	360 元	155	頂尖傳銷術	360 元
132	有效解決問題的溝通技巧	360 元	156	傳銷話術的奧妙	360 元
			158	企業經營計畫	360 元
133	總務部門重點工作	360 元	159	各部門年度計畫工作	360 元
134	企業薪酬管理設計	360 元	160	各部門編制預算工作	360 元
135	成敗關鍵的談判技巧	360 元	161	不景氣時期，如何開發客戶	360 元
137	生產部門、行銷部門績效考核手冊	360 元	162	售後服務處理手冊	360 元
138	管理部門績效考核手冊	360 元	163	只爲成功找方法，不爲失敗找藉口	360 元
139	行銷機能診斷	360 元			
140	企業如何節流	360 元	166	網路商店創業手冊	360 元
141	責任	360 元	167	網路商店管理手冊	360 元
142	企業接棒人	360 元	168	生氣不如爭氣	360 元
143	總經理工作重點	360 元	169	不景氣時期，如何鞏固老客戶	360 元
144	企業的外包操作管理	360 元			
145	主管的時間管理	360 元	170	模仿就能成功	350 元
146	主管階層績效考核手冊	360 元	171	行銷部流程規範化管理	360 元
147	六步打造績效考核體系	360 元	172	生產部流程規範化管理	360 元
148	六步打造培訓體系	360 元	173	財務部流程規範化管理	360 元
149	展覽會行銷技巧	360 元	174	行政部流程規範化管理	360 元
150	企業流程管理技巧	360 元	175	人力資源部流程規範化管理	360 元
151	客戶抱怨處理手冊	360 元			
152	向西點軍校學管理	360 元	176	每天進步一點點	350 元
153	全面降低企業成本	360 元	177	易經如何運用在經營管理	350 元
154	領導你的成功團隊	360 元			

178	如何提高市場佔有率	360 元
179	推銷員訓練教材	360 元
180	業務員疑難雜症與對策	360 元
181	速度是贏利關鍵	360 元
182	如何改善企業組織績效	360 元
183	如何識別人才	360 元
184	找方法解決問題	360 元
185	不景氣時期，如何降低成本	360 元
186	營業管理疑難雜症與對策	360 元
187	廠商掌握零售賣場的竅門	360 元
188	推銷之神傳世技巧	360 元
189	企業經營案例解析	360 元
191	豐田的管理模式	360 元
192	企業執行力（技巧篇）	360 元
193	領導魅力	360 元
194	注重細節（增訂四版）	360 元
195	電話行銷案例分析	360 元
196	公關活動案例操作	360 元
197	部門主管手冊（增訂四版）	360 元
198	銷售說服技巧	360 元

199	促銷工具疑難雜症與對策	360 元
200	如何推動目標管理（第三版）	390 元
201	網路行銷技巧	360 元
202	企業併購案例精華	360 元
204	客戶服務部工作流程	360 元
205	總經理如何經營公司（增訂二版）	360 元
206	不景氣時期，如何鞏固客戶（增訂二版）	360 元
207	確保新產品開發成功（增訂三版）	360 元
208	經濟大崩潰	360 元
209	鋪貨管理技巧	360 元
210	商業計畫書撰寫實務	360 元
212	客戶抱怨處理手冊（增訂二版）	360 元

--------- 《商店叢書》 ---------

1	速食店操作手冊	360 元
4	餐飲業操作手冊	390 元
5	店員販賣技巧	360 元
6	開店創業手冊	360 元
8	如何開設網路商店	360 元
9	店長如何提升業績	360 元

10	賣場管理	360 元	6	企業管理標準化教材	380 元
11	連鎖業物流中心實務	360 元	8	庫存管理實務	380 元
12	餐飲業標準化手冊	360 元	9	**ISO 9000** 管理實戰案例	380 元
13	服飾店經營技巧	360 元	10	生產管理制度化	360 元
14	如何架設連鎖總部	360 元	11	ISO 認證必備手冊	380 元
18	店員推銷技巧	360 元	12	生產設備管理	380 元
19	小本開店術	360 元	13	品管員操作手冊	380 元
20	365 天賣場節慶促銷	360 元	14	生產現場主管實務	380 元
21	連鎖業特許手冊	360 元	15	工廠設備維護手冊	380 元
22	店長操作手冊（增訂版）	360 元	16	品管圈活動指南	380 元
23	店員操作手冊（增訂版）	360 元	17	品管圈推動實務	380 元
24	連鎖店操作手冊（增訂版）	360 元	18	工廠流程管理	380 元
			20	如何推動提案制度	380 元
25	如何撰寫連鎖業營運手冊	360 元	21	採購管理實務	380 元
			22	品質管制手法	380 元
26	向肯德基學習連鎖經營	350 元	23	如何推動 5S 管理（修訂版）	380 元
27	如何開創連鎖體系	360 元			
28	店長操作手冊（增訂三版）	360 元	24	六西格瑪管理手冊	380 元
			25	商品管理流程控制	380 元

------- 《工廠叢書》 -------

			27	如何管理倉庫	380 元
1	生產作業標準流程	380 元	28	如何改善生產績效	380 元
2	生產主管操作手冊	380 元	29	如何控制不良品	380 元
3	目視管理操作技巧	380 元	30	生產績效診斷與評估	380 元
4	物料管理操作實務	380 元	31	生產訂單管理步驟	380 元
5	品質管理標準流程	380 元	32	如何藉助 IE 提升業績	380 元

33	部門績效評估的量化管理	380 元
34	如何推動 5S 管理（增訂三版）	380 元
35	目視管理案例大全	380 元
36	生產主管操作手冊（增訂三版）	380 元
37	採購管理實務（增訂二版）	380 元
38	目視管理操作技巧(增訂二版)	380 元
39	如何管理倉庫（增訂四版）	380 元
40	商品管理流程控制(增訂二版)	380 元
41	生產現場管理實戰	380 元
42	物料管理控制實務	380 元
43	工廠崗位績效考核實施細則	380 元
46	降低生產成本	380 元

《醫學保健叢書》

1	9 週加強免疫能力	320 元
2	維生素如何保護身體	320 元
3	如何克服失眠	320 元
4	美麗肌膚有妙方	320 元
5	減肥瘦身一定成功	360 元
6	輕鬆懷孕手冊	360 元
7	育兒保健手冊	360 元
8	輕鬆坐月子	360 元
9	生男生女有技巧	360 元
10	如何排除體內毒素	360 元
11	排毒養生方法	360 元
12	淨化血液 強化血管	360 元
13	排除體內毒素	360 元
14	排除便秘困擾	360 元
15	維生素保健全書	360 元
16	腎臟病患者的治療與保健	360 元
17	肝病患者的治療與保健	360 元
18	糖尿病患者的治療與保健	360 元
19	高血壓患者的治療與保健	360 元
21	拒絕三高	360 元
22	給老爸老媽的保健全書	360 元

23	如何降低高血壓	360 元
24	如何治療糖尿病	360 元
25	如何降低膽固醇	360 元
26	人體器官使用說明書	360 元
27	這樣喝水最健康	360 元
28	輕鬆排毒方法	360 元
29	中醫養生手冊	360 元
30	孕婦手冊	360 元
31	育兒手冊	360 元
32	幾千年的中醫養生方法	360 元
33	免疫力提升全書	360 元
34	糖尿病治療全書	360 元
35	活到 120 歲的飲食方法	360 元
36	7 天克服便秘	360 元
37	為長壽做準備	360 元

《幼兒培育叢書》

1	如何培育傑出子女	360 元
2	培育財富子女	360 元
3	如何激發孩子的學習潛能	360 元
4	鼓勵孩子	360 元
5	別溺愛孩子	360 元
6	孩子考第一名	360 元
7	父母要如何與孩子溝通	360 元

8	父母要如何培養孩子的好習慣	360 元
9	父母要如何激發孩子學習潛能	360 元
10	如何讓孩子變得堅強自信	360 元

《成功叢書》

1	猶太富翁經商智慧	360 元
2	致富鑽石法則	360 元
3	發現財富密碼	360 元

《企業傳記叢書》

1	零售巨人沃爾瑪	360 元
2	大型企業失敗啓示錄	360 元
3	企業併購始祖洛克菲勒	360 元
4	透視戴爾經營技巧	360 元
5	亞馬遜網路書店傳奇	360 元
6	動物智慧的企業競爭啓示	320 元
7	CEO 拯救企業	360 元
8	世界首富　宜家王國	360 元
9	航空巨人波音傳奇	360 元
10	傳媒併購大亨	360 元

《智慧叢書》

1	禪的智慧	360 元
2	生活禪	360 元
3	易經的智慧	360 元
4	禪的管理大智慧	360 元
5	改變命運的人生智慧	360 元
6	如何吸取中庸智慧	360 元
7	如何吸取老子智慧	360 元
8	如何吸取易經智慧	360 元

《DIY 叢書》

1	居家節約竅門 DIY	360 元
2	愛護汽車 DIY	360 元
3	現代居家風水 DIY	360 元
4	居家收納整理 DIY	360 元
5	廚房竅門 DIY	360 元
6	家庭裝修 DIY	360 元
7	省油大作戰	360 元

《傳銷叢書》

4	傳銷致富	360 元
5	傳銷培訓課程	360 元
6	〈新版〉傳銷成功技巧	360 元
7	快速建立傳銷團隊	360 元
9	如何運作傳銷分享會	360 元
10	頂尖傳銷術	360 元
11	傳銷話術的奧妙	360 元
12	現在輪到你成功	350 元
13	鑽石傳銷商培訓手冊	350 元
14	傳銷皇帝的激勵技巧	360 元
15	傳銷皇帝的溝通技巧	360 元
16	傳銷成功技巧（增訂三版）	360 元
17	傳銷領袖	360 元

《財務管理叢書》

1	如何編制部門年度預算	360 元
2	財務查帳技巧	360 元
3	財務經理手冊	360 元
4	財務診斷技巧	360 元
5	內部控制實務	360 元
6	財務管理制度化	360 元

爲方便讀者選購，本公司將一部分上述圖書又加以專門分類如下：

《培訓叢書》

1	業務部門培訓遊戲	380 元
2	部門主管培訓遊戲	360 元
3	團隊合作培訓遊戲	360 元
4	領導人才培訓遊戲	360 元
5	企業培訓遊戲大全	360 元
8	提升領導力培訓遊戲	360 元
9	培訓部門經理操作手冊	360 元
10	專業培訓師操作手冊	360 元

11	培訓師的現場培訓技巧	360 元
12	培訓師的演講技巧	360 元
13	培訓部門經理操作手冊（增訂二版）	360 元
14	解決問題能力的培訓技巧	360 元
15	戶外培訓活動實施技巧	360 元

《企業制度叢書》

1	行銷管理制度化	360 元
2	財務管理制度化	360 元
3	人事管理制度化	360 元
4	總務管理制度化	360 元
5	生產管理制度化	360 元
6	企劃管理制度化	360 元

《主管叢書》

1	部門主管手冊	360 元
2	總經理行動手冊	360 元
3	營業經理行動手冊	360 元
4	生產主管操作手冊	380 元
5	店長操作手冊（增訂版）	360 元
6	財務經理手冊	360 元
7	人事經理操作手冊	360 元

《人事管理叢書》

1	人事管理制度化	360 元
2	人事經理操作手冊	360 元

3	員工招聘技巧	360 元
4	員工績效考核技巧	360 元
5	職位分析與工作設計	360 元
6	企業如何辭退員工	360 元

《理財叢書》

1	巴菲特股票投資忠告	360 元
2	受益一生的投資理財	360 元
3	終身理財計畫	360 元
4	如何投資黃金	360 元
5	巴菲特投資必贏技巧	360 元
6	投資基金賺錢方法	360 元
7	索羅斯的基金投資必贏忠告	360 元

建立企業圖書館

當市場競爭激烈時：

培訓員工，強化員工競爭力是企業最佳對策

「人才」是企業最大的財富。如何提升人才，是企業永續經營、戰勝對手的核心競爭力。積極培訓公司內部員工，是經濟不景氣時期的最佳戰略，而具體作法之一，就是**「建立企業內部圖書館，鼓勵員工多閱讀、多進修專業書籍」**，為此，我們為服務客戶，如果你有需要，我們可以提供一份資料：

「如何快速建立企業內部圖書館」

包括：作法、步驟、表格，企業可自行下載印刷（PRINT），內容具體、方便，即刻可用，馬上建立起企業內部的簡易圖書館。

請團體購買的企業客戶來電索取，註明：**索取「如何快速建立企業內部圖書館」。**

建議您：請一次購足本公司所出版各種經營管理類圖書，作為貴公司內部員工培訓圖書。

最暢銷的《企業制度叢書》

	名稱	說明	特價
1	行銷管理制度化	書	360 元
2	財務管理制度化	書	360 元
3	人事管理制度化	書	360 元
4	總務管理制度化	書	360 元
5	生產管理制度化	書	360 元
6	企劃管理制度化	書	360 元

上述各書均有在書店陳列販賣，若書店賣完，而來不及由庫存書補充上架，請讀者直接向店員詢問、購買，最快速、方便！

請透過郵局劃撥購買：

郵局戶名：憲業企管顧問公司

郵局帳號：18410591

傳 銷 叢 書

	名稱	說明	特價
3	傳銷分享會	書	360 元
4	傳銷致富	書	360 元
5	傳銷培訓課程	書	360 元
6	〈新版〉傳銷成功技巧	書	360 元
7	快速建立傳銷團隊	書	360 元
8	如何成為傳銷領袖	書	360 元
9	如何運作傳銷分享會	書	360 元
10	頂尖傳銷術	書	360 元
11	傳銷話術的奧妙	書	360 元
12	現在輪到你成功	書	350 元
13	鑽石傳銷商培訓手冊	書	350 元
14	傳銷皇帝的激勵技巧	書	360 元
15	傳銷皇帝的溝通技巧	書	360 元
16	傳銷成功技巧（增訂三版）	書	360 元
17	傳銷領袖	書	360 元

上述各書均有在書店陳列販賣，若書店賣完，而來不及由庫存書補充上架，請讀者直接向店員詢問、購買，最快速、方便！

透過郵局劃撥購買：

戶名：憲業企管顧問公司

帳號：18410591

回饋讀者，免費贈送《環球企業內幕報導》電子報，請將你的 e-mail、姓名，告訴我們 huang2838@yahoo.com.tw 即可。

培訓叢書⑮　　　　　　　　售價：360 元

戶外培訓活動實施技巧

西元二〇〇九年五月　　　　　初版一刷

編著：李德凱

策劃：麥可國際出版有限公司（新加坡）

校對：焦俊華

打字：張美嫻

編輯：劉卿珠

發行人：黃憲仁

發行所：憲業企管顧問有限公司

電話：(02) 2762-2241　0930872873

臺北聯絡處：臺北郵政信箱第 36 之 1100 號

郵政劃撥：18410591 憲業企管顧問有限公司

江祖平律師顧問：紙品書、數位書著作權與版權均歸本公司所有

大陸地區訂書，請撥打大陸手機：13243710873

本公司徵求海外版權代理出版商（0930872873）

出版社登記：局版台業字第 6380 號

ISBN：978-986-6421-08-2

擴大編制，誠徵新加坡、臺北編輯人員，請來函接洽。